枣树修剪

枣树粘虫胶防治害虫

枣结果枝组

成熟枣

枣丰产状

枣成年树

戈壁滩枣2038

黄骅古枣园

新疆枣树

新疆枣枣吊结果状

新疆枣园

新疆枣枣吊

新疆盐碱地枣

新疆盐碱地枣成熟果

新疆盐碱地枣果实

新疆盐碱地枣园

新疆枣矮化密植枣园

新疆矮化密植枣园丰产状

新疆枣棉间作（1）

新疆枣棉间作（2）

新疆枣木质化枣吊

新疆枣果采收后晾晒

枣低压储藏

新疆半干枣交易

枣各种加工品

脆冬枣

脆冬枣片

枣加工贮藏与保鲜技术

曹尚银　高福玲　主编

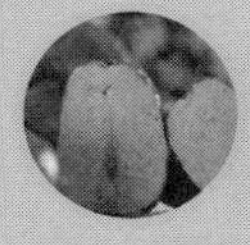

中国农业科学技术出版社

图书在版编目（CIP）数据

枣加工贮藏与保鲜技术 / 曹尚银，高福玲主编 .—北京：中国农业科学技术出版社，2019. 5

ISBN 978-7-5116-4015-4

Ⅰ. ①枣… Ⅱ. ①曹…②高… Ⅲ. ①枣-食品加工②枣-食品保鲜 Ⅳ. ①S665. 109

中国版本图书馆 CIP 数据核字（2019）第 018437 号

责任编辑 白姗姗
责任校对 李向荣

出 版 者 中国农业科学技术出版社
北京市中关村南大街 12 号 邮编：100081
电 话 (010)82106638(编辑室) (010)82109702(发行部)
(010)82109709(读者服务部)
传 真 (010)82106650
网 址 http://www.castp.cn
经 销 者 各地新华书店
印 刷 者 北京富泰印刷有限责任公司
开 本 880mm×1 230mm 1/32
印 张 8. 25 彩插 8 面
字 数 220 千字
版 次 2019 年 5 月第 1 版 2019 年 5 月第 1 次印刷
定 价 36. 80 元

《枣加工贮藏与保鲜技术》

编委会

主　　编　曹尚银　高福玲

副 主 编　薛　辉　李好先　骆　翔　郭会芳
　　　　　薛茂盛　郭　磊

编写人员　曹尚银　高福玲　薛　辉　李好先
　　　　　骆　翔　郭会芳　薛　辉　薛茂盛
　　　　　郭　磊　王文战　赵弟广　牛　娟
　　　　　张富红　倪　勇　陈利娜　刘贝贝
　　　　　王　企　敬　丹

内容提要

本书由中国农业科学院郑州果树研究所和国内有关单位的研究人员、专家学者编写。全书共分五章，分别介绍了枣资源概况、枣的营养成分及保健作用、枣加工技术、枣的保鲜贮藏技术、国内外枣保鲜贮藏技术。内容丰富，多以果品加工贮藏成功典型范例，传授枣后期加工贮藏与保鲜最新技术，并配有大量的插图和彩图，通俗易懂。适用于农村基层干部、广大园艺、加工产品开发工作者、果树种植专业户和农林院校师生阅读参考。

前　言

枣原产我国，已有7 700余年的栽培历史。枣果味美，营养丰富，枣的含糖量居各类果品之首，鲜枣含糖 20%以上，干枣含糖 60%~80%。枣的维生素 C 含量高于柑橘 10 倍，高于苹果 80 倍，是梨的 100 倍，维生素 P 的含量极为丰富。此外，枣还含有丰富的蛋白质以及铁、钙、磷等人体不可缺少的无机盐。自古以来，我国劳动人民就把枣视为重要的滋补品和中药，民间有"天天吃三枣、一辈子不见老""五谷加红枣，胜过灵芝草"的谚语，高度颂扬枣的食补和药用功效。现代医学研究表明，枣具有润心肺、降血压、补五脏、治肾虚等功效，久吃补肺益气，健身延年。一般中药都要配上枣少许，故枣又称"百药之引"。国外研究发现，枣还含有环磷酸腺苷等物质，对抑制癌症细胞分裂速度、增强免疫等有特殊效果。枣木坚硬，纹理细致，可制成轮轴，是国防和民用良材。花期长、多蜜，是良好的蜜源和绿化树种。

枣为亚热带荒漠植物，有著名的"铁杆庄稼"之称。枣耐干旱、耐瘠薄、耐盐碱、适应性强，它夏季能耐 43℃的高温，冬季能耐-33℃的低温。土壤 pH 值在 5~8.6 枣都能正常生长结果。古书《齐民要术》上也记载："旱涝之地，不任耕种者，种枣则任矣"。无论是山岭贫瘠的沙砾土或是滨海低洼盐碱地，也不论是南方的酸性土或北方的沙土地，种植其他作物产量无几时，栽种枣都有较好的收成。枣可靠边、下滩、上坡、进沟，从而为其大面积发展提供了地域保证。此外，渠、沟、堤、堰、村落、路旁，也可栽种枣。

枣还是结果最早的果树之一，在苗圃中嫁接后当年就有部分植株挂果，这是其他果树中极其少见的，苗木定植当年结果率可达70%~90%。果树界有“枣子当年就还钱”之说，就是指枣子栽植当年就能挂果收回成本，枣丰产性强，三年生密植园亩（1亩≈667m^2。全书同）产可达2 000kg。进入丰产期后亩产可维持在3 000kg以上，且连年丰产、正常结果年限可达100年。国内单株最高产量已有1 000kg的报道，500年以上仍能结果，如河北省黄骅市内有一棵600余年的老枣树每年还能结果100kg以上。

特别应该注意的是：枣果是我国独产果品，国外有30多个国家先后引种了我国的枣，但除韩国外均尚未形成规模化商品栽培，迄今98%的枣资源和100%的枣产品国际贸易集中在我国。中国的枣生产居世界领先行业，新品种的枣果个大、品质佳、产量高，已慢慢得到国人的认可，人们注重饮食文化的同时，更看重了枣的独特营养价值。新品种枣市场上供不应求，并开始出口国外。中国的国际贸易日益加强，为枣的出口创汇创造了更加有利的条件，也会给果农带来更大的经济效益。因此，大力发展枣业是调整农业种植结构千载难逢的大好机遇，枣生产极具潜力。而我国又是世界唯一大面积栽培枣、大量出口枣果的国家，是我国出口的特色产品、拳头产品。目前大枣的商品价值高，市场前景好，如果再形成品牌，打入国际市场，既可以为国家换取外汇，又可为产品打开销路，利国利民。为此，为了全面普及枣后期加工贮藏与保鲜的科学知识，加速新技术、新成果的转化，我们在多年从事枣科研和生产、加工贮藏实践的基础上，引用大量的、最新的有关资料，编写了此书，期望能给枣后期加工贮藏与保鲜者提供参考，也希望能给我国的枣产品更大量地远销和出口创汇贡献一份力量。由于编者水平有限，经验不足，书中内容有疏漏和不妥之处，恳请同行和读者不吝赐教。本书除邀请有关专家学者参与编写外，还参考和引用了国内外本研究领域的专著、学术论文和科研成果（由于文献多，篇幅所限，除书中和参考文献中注明外，在此不一一列述），在此向他们表示诚挚的感谢。

曹尚银　高福玲

2018 年 7 月 22 日于郑州

目　　录

第一章　枣资源概况

枣，又叫大枣、刺枣、美枣、良枣等，为我国特产之一。我国是世界上枣资源最丰富的国家，枣产业的发展历史源远流长。早在7 000多年前的新石器时代，我国的先民就已开始采摘和利用枣果；距今3 000年前的西周时期，已有枣树栽培的文字记载；2 500年前的战国时期，枣已成为重要的果品和常用中药；距今2 000年前的汉朝，枣树栽培已经遍及我国南北各地。早在《诗经》中已有枣和棘（酸枣）之分的记载。后魏贾思勰的《齐民要术》和明代徐光启的《农政全书》等古农书中，都把枣树列为果木之首。《战国策》载，苏泰游说六国时，说燕国“有枣栗之利，民虽不由田作，枣栗之实足食于民矣”。可见我国古代人已将植枣列于重要地位了。湖南省马王堆西汉古墓出土文物中就有大枣。

根据资料记载，全国枣树面积将近 150 万 hm^2。关于全国枣产量的记载最早为 1973 年 395 765t（见于《中网农业统计资料》），最新的记载为 2006 年3 052 860t，增长了6. 71 倍。枣与杏、李、栗、桃并称为我国古代五果。目前，我国大枣主产区主要位于河北、河南、山西、山东、新疆维吾尔自治区（全书简称新疆）等地，如图 1-1 所示。

第一节　枣植物学特征

枣是鼠李目、鼠李科、枣属落叶乔木，小枝成“之”字形

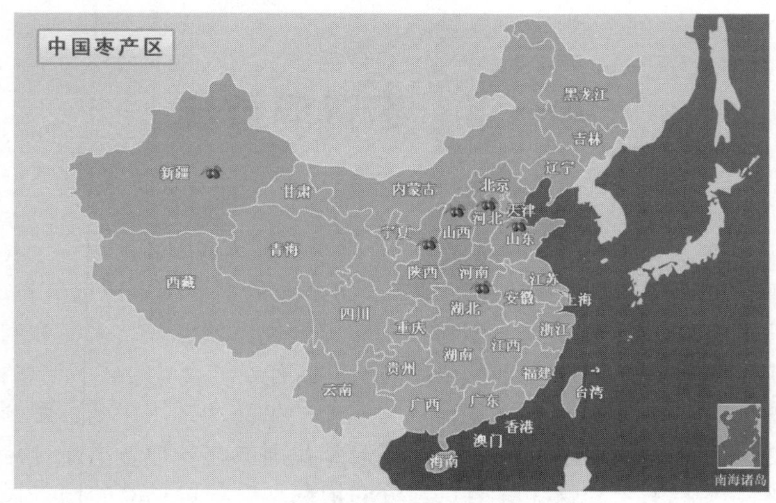

图 1-1　我国枣种植区分布

弯曲。有长枝（枣头）和短枝（枣股），长枝“之”字形曲折。叶长椭圆形状卵形，先端微尖或钝，基部歪斜。花小，黄绿色，8~9 朵簇生于脱落性枝（枣吊）的叶腋，成聚伞花序。核果长椭圆形，暗红色。花期 5—6 月，果期 9—10 月。叶互生，卵形至卵状披针形，锯齿缘，基出 3 脉；托叶成刺，长刺直伸，短刺钩曲。腋生聚伞花序；花小，黄绿色；萼片 5，较大；花瓣 5，条形；雄蕊 5 枚，和花瓣对生；心皮 2，合生，子房上位，2 室，每室 1 胚珠。核果长圆形，果核两端尖，通常仅 1 枚种子发育。花期 5—6 月，果期 9 月。花小多蜜，是一种蜜源植物。果实枣，长圆形，未成熟时绿色，成熟后褐红色。可鲜食也可制成干果或蜜饯果脯等。营养丰富，枣的品种繁多，大小不一。我国特产，主产黄河流域冲积平原，全国各地均有栽培。为我国主要果树和木本粮食树种。枣属于暖温带阳性树种。喜光，好干燥气候。耐寒，耐热，又耐旱涝。对土壤要求不严，除沼泽地和重碱性土外，平原、沙地、沟谷、山地皆能生长，对酸碱度的适应范围在pH 值 5.0~8.5，以肥沃的微碱性或中性沙壤土生长最好。根系发达，萌蘖力强。耐烟熏。不耐水雾。枣树由于具有抗逆性强、早果速丰、营养丰富、经济效益和生态效益显著等特点而在我国广泛栽培。

第二节　枣种质资源

我国现有枣树品种有 700 多种。枣品种资源圃主要位于河北、山西、江苏等省的枣品种资源圃，分别有近百份的枣品种保存。

一、枣品种分类方法

枣品种分类方法较多，其主要分类方法如下。

（一）以栽培地区进行分类

我国的枣树分布在东经 76°~124°、北纬 23°~42°范围内的平原、沙滩、盐碱地、山丘及高原地带。北起内蒙古自治区（全书简称内蒙古）的包头，南达广东郁南，东抵辽宁本溪，西至新疆喀什，乃至我国台湾均有枣树的分布；垂直分布多在1 500m 以下，最高可达2 000m。根据我国气候、土壤、品种特点和现有栽培情况，把我国枣划分为两大生态栽培区，即北枣和南枣两个生态栽培区，每大区又划分 3 个小区。北方枣产区包括淮河、秦岭以北的地区，与南方枣产区的分界线大致与年均15℃等温线吻合，降水量在 650mm 以内。该枣产区枣树品种资源丰富，类型复杂，果实干物质多，含糖量高，适合干制。该产区产量占全国总产量的 75%~90%。而南方枣产区土壤多呈酸性和微酸性，枣品种数量较少，品质一般不如北方，多用于加工蜜枣或鲜食。

1. 北方栽培区

包括淮河、秦岭以北的地区，与南方栽培区的分界线大致与年均温 15℃ 等温线吻合，降水量在 650mm 以内。该区生产的红枣含糖量高，干物质多，适于干制红枣。按照年均温度，又可划分为 3 个栽培区。

黄河、淮河中下游河流冲积土枣区：栽培历史悠久，是我国历年最重要的枣树栽培区，本区在地理位置上属于暖温带半湿润区，是北方枣产区中自然条件最优越的地区。该区海拔较低，多在 100~600m，夏季温度较高，7 月平均温度 28~29℃，年平均温度 12~13℃。年降水量 450~600mm，大部分集中在 7—9 月，枣区多分布在河流冲积地带和低山丘陵区，包括河北、山东、河南的全部，山西中南部，陕西中部。

黄土高原丘陵枣区：属暖温带干旱区，海拔一般为 600~800m，雨水较少，年降水量为 380~400rnm，大部分集中在秋季，夏季气温较低，7 月平均温度 24℃ 左右，年平均温 8.5~10℃，土壤肥力较差，主要包括山西西北部和陕西东北部黄河沿岸，宁夏回族自治区（全书简称宁夏）的灵武、中宁、中卫、吴忠等地。

辽宁、甘肃、内蒙古、宁夏、新疆干旱河谷枣区：该区是北方地区枣树分布的边缘地区，属温带干旱区，海拔较高，常在 1 000m以上，年平均温度多在 7~10℃，7 月平均温度 22~25℃，雨量稀少，年降水量仅 200~300mm，甚至更少。

2. 南方栽培区

该产区指淮河、秦岭以南地区，年平均气温 15℃ 以上，年降水量超过 700mm，土壤多呈酸性或微酸性，品质一般不如北方，多用于加工蜜枣或鲜食，按自然条件差异，也可分为 3 个栽培区：江淮河流冲积土枣区、南方丘陵枣区和四川、贵州、云南枣区。

（二）以果实大小和果形进行分类

1. 果实大小

大枣类，如灵宝大枣、灰枣、赞皇大枣、阜平大枣等。

小枣类，如金丝小枣、无核小枣、鸡心蜜枣等。

2. 果实大小与果形等性状结合

小枣型，如金丝小枣、无核小枣、鸡心蜜枣、密云小枣等。

长枣型，如郎枣、壶瓶枣、板枣、骏枣、赞皇长枣、灌阳长枣等。

圆枣型，如赞皇圆枣、圆铃枣、缓德圆枣等。

扁圆型，如冬枣、花红枣等。

缢痕枣，如羊奶枣、葫芦枣、磨盘枣等。

宿萼枣，如柿顶枣、五花枣等。

（三）以枣用途不同进行分类

（1）鲜食品种。特点是皮薄，肉质嫩脆，汁多味甜。如冬枣、临猗梨枣、早脆王、七月鲜枣、大白铃、蜂蜜罐等。

（2）制干品种。特点是肉厚，汁少，含糖和干制率均高。如金丝小枣、稷山板枣、赞皇大枣、婆枣、灵宝大枣、郎枣、相枣、鸡心枣等。

（3）兼用品种。可鲜食也可制干或加工蜜枣等产品。如鸣山大枣、骏枣、灰枣、晋枣、壶瓶枣、板枣等。

（4）蜜枣品种。特点是果大而整齐，肉厚质松，汁少，皮薄，含糖量较低，细胞空腔较大，易吸糖汁。如义乌大枣、宣城尖（圆）枣、灌阳长枣等。

（5）观赏品种。其特点是如葫芦枣、辣椒枣、磨盘枣、茶壶枣等。如图 1-2 所示。

枣也具有品种等级的划分，文献中记载 4 个变种，即龙须枣（*Z. jujuba* var. *tartusa* Hort.）、葫芦枣（*Z. jujube* var. *lageniformis* Nakai.）、无刺枣（*Z. jujuba* var. *inermis* Rehd.）和宿尊枣

图 1–2　按用途分类的枣品种

A~C，鲜食品种，分别是早脆王、临猗梨枣、七月鲜枣；D~F，制干品种，分别为相枣、灵宝大枣、鸡心枣；G~I，兼用品种，分别金丝小枣、赞皇大枣、骏枣；J~L，蜜枣品种，分别为圆枣、无核金丝小枣、义乌大枣；M~O，观赏品种，分别是磨盘枣、茶壶枣、葫芦枣

(*Z. jujube* var. *carnosicalleis* Hort.)。这 4 个变种，根据其特点适宜认定为变型，根据根、茎、叶、花、果实的明显且稳定的变异特征，分为 6 种变型，即龙爪枣、变色枣、变形枣、葫芦枣、宿粤枣及无核枣。

二、枣主要品种

1. 冬枣

冬枣以地域主要划分为 3 类。

(1) 沾化冬枣。又名鲁北冬枣、苹果枣，是目前品质最佳的稀有晚熟鲜食品种，也是当前生产推广发展的主要冬枣品种。现主要分布在山东境内黄河以北的无棣、沾化、惠民等地，河北的黄骅、盐山等地也有分布。该品种果实中等偏大，果形近似苹果，平均单果重 14~16g，最大单果重 23.2g。果皮薄而脆，成熟后呈赭红色。果肉细嫩多汁，略具草辛味，生食无渣。可溶性固形物含量 39%~42%，含水量 70%左右，可食率 96.9%，品质极佳。

(2) 成武冬枣。外观呈长椭圆形，果实较大。平均单果重 25.8g，最大单果重 32g，大小整齐。果面不平，果皮较厚，外观呈深赭红色。果肉细脆，较硬，少汁，甜味浓，可溶性固形物含量 35%~37%，可食率 97.8%，鲜食品质上等。

(3) 薛城冬枣。薛城冬枣是国内特晚熟鲜食品种。果实呈圆形略扁，端正，整齐度高。平均单果重 22g 左右，最大单果可在 40g 以上。可溶性固形物含量 27%，可食率 97.3%。果肉松脆，口感稍粗，果汁含量中等偏多。但该品种有两大不足：一是果实品质差，市场前景不好；二是部分果实有“核外核”现象，故不宜大面积推广发展。

2. 金丝大枣

河北省赞皇县，山场广阔，林果资源丰富。赞皇大枣在全国

360多个大枣品种中是唯一的自然三倍体品种，具有个大、皮薄、肉厚、拉丝长等特点，是我国著名的土特产品和传统的出口商品之一，获昆明世博会金奖、北京农博会名牌产品称号，国内外享有盛名。

3. 晋枣

又名“吊枣”，主产陕西彬县，果实大，重达30~40g，长圆形，皮薄、肉厚，核小，味甜，9月下旬成熟。

4. 泗洪大枣

经南京农业大学专家的论证，在全国目前已知的700余个枣品种中，以泗洪大枣果型最大。该品种对枣疯病表现免疫，对缩果病、炭疽病的抗性优于其他品种。原产江苏，树势强壮，树姿开张，成龄树高达7~8m。叶片大于其他枣类，呈卵状针形，叶色深绿。其果实多呈卵圆形，平均单果重45g，最大单果重62g，果实特大；果实顶部凹、果面粗糙，完熟期浓红色，9月上旬成熟；果肉浅绿色，肉质酥脆，汁液较多，风味甘甜、核小；可溶性固形物含量30.0%~35.5%，品质上等。该品种宜鲜食，鲜枣较耐贮藏，一般3年开始结果，10年后进入盛果期，株产可达15~25kg，宜稀植，株行距4m×2m。

5. 金梅枣

金梅枣是河南省南阳大枣研究所培育的特晚熟鲜食精品。果实特大，近圆形，成熟时从金黄色变金红色，形似李梅。平均单果重30g，最大果重52g。色泽光洁美丽，皮薄肉脆，细嫩多汁，甜似冰糖，味如蜂蜜，枣香浓烈，品质顶极。可食率93.8%，含水率65.4%，含糖量32.2%，维生素C的含量352mg/100g。金梅枣在产地10月上旬至下旬成熟，果实生育期130d。能保鲜至元旦、春节，反季节上市或出口。

6. 大吕贡枣

烟台市牟平区大窑吕格庄特有的地方名贵品种，晚熟，鲜食。单果重 30 多克，果实长圆形，果皮黑红光亮，皮薄肉脆，细嫩多汁，甘甜清香，营养丰富，品质极佳，可食率达 95.21%。含有苏氨酸、丝氨酸等 19 种人体必需的氨基酸，还含有丰富的维生素和微量元素，特别是维生素 C 含量高，是梨的 100 倍，金丝小枣的 20 倍。“大吕贡枣”成苗当年栽植当年见果，第 2 年平均产量为 4kg/株，3~5 年产量为 20~30kg/株。管理粗放，剪枝轻，抗病能力强，施药次数少。

7. 七月鲜枣

此品种抗缩果病，多年未发生缩果病为害。抗旱性强，在陕北海拔 800m 旱地栽培，丰产性强，产量显著高于骏枣、晋枣和狗头枣。较抗裂果。抗寒性强于山西梨枣、沾化冬枣、大雪枣。

8. 龙枣

亦称龙须枣，为当地长红枣的特殊变异。果实扁柱形，果重 3~4g，果面不平，成熟时为红褐色。鲜干果品质较差。果实 9 月下旬成熟，树体小，树姿开张，树冠自然圆头形，20 年生大树高 4m 左右，冠茎 4~5m，枣头紫红色，枝形弯曲不定，有的蜿蜒曲折前伸，有的盘曲异成圈生长，犹如群龙飞舞，生长势弱。嫁接当年即结果，产量较低。

9. 茶壶枣

果重 4~8g，果形奇特，在果实中上部，常长出 1~2 对短柱状的肉质突出物，高出果面 5~7mm，厚 5mm 左右，形成壶嘴、壶把，因此得名。果面平滑，成熟成紫色，光泽鲜艳。鲜食品质中等，9 月中旬成熟。树体中等，树姿奇特，外围枝条披垂。树冠自然半圆形，20 年生大树高 5~6m，冠径 6~7m，嫁接苗定植后第 2 年结果，丰产性好。

10. 磨盘枣

果实石磨状，在果实中部有一条缢痕横贯中腰，深宽为 2~3mm。果重 6~7g，成熟时紫色，有光泽。鲜干品质较差，9 月下旬成熟。树体较高大，树冠呈自然半圆形，树势中等。20年生大树高6~7m，冠径6m左右，定植后2~3年结果，产量较低，适应性强，抗寒。

11. 京枣39

果实大小整齐，果面光亮，果皮薄，全熟时深红色，有光泽；果肉绿白色，质地酥脆，汁液多，味酸甜，风味佳，品质极佳。该品种早实性强且丰产性好，为中早熟鲜食大果品种。成熟期正赶在我国的传统佳节中秋节和国庆节期间。

12. 北京大酸枣

该品种生长势弱，品质极上等。9月上旬成熟。该品种结实量大、果大、产量高，生长势弱，可建密植丰产园，且酸含量高，可用于高级酸枣汁饮料的加工，可大规模栽植；且质地酥脆，酸甜可口，是上等的鲜食枣果。

13. 尜尜枣

质地酥脆，甜而多汁。9月中旬成熟。为中熟鲜食品种。

14. 马牙白枣

果肉淡绿色，致密，汁液多，风味甜，是鲜食枣中的上品。8月下旬果实成熟，属中早熟鲜食品种。

15. 长辛店白枣

主要产于北京丰台区长辛店一带。皮薄肉脆、汁多味甜、品质极上等。9月中旬成熟。

16. 山西梨枣

原产山西临猗、运城等地。树势中庸，树体较小，树姿开张，枝条密，叶片小而厚，深绿色；花小花量少，昼开型；果实丰产，当年有少量挂果，第2年普遍挂果，株产1kg左右，第5年可达10kg左右，投产早，宜密植，株行距3m×2m。其高产、稳产，对肥力要求高，果皮薄，赭红色；果肉厚，肉质松脆，味甜、汁多，鲜食品质上等；可溶性固形物27.9%，维生素C

292mg/100g，可食率 97.3%；果实生育期 110d 左右，成熟不整齐，成熟期遇雨易裂果，9 月上中旬成熟。

17. 湖南鸡蛋枣

树势中庸，树体较大，树姿开张，发枝力中等，叶片中大，卵状披针形，深绿色；花小，花量少，昼开型；平均单果重 21g，最大单果重 34g；果皮薄，果实成熟时，先黄色，后转紫红色；果肉厚，质地松脆，果汁较多、味甜、品质上等。其可溶性固形物达 33%，含酸 0.14%，维生素 C 335mg/100g，可食率 95%，果实生长期约 90d，为早熟品种，8 月中下旬成熟，提前上市，遇雨不裂果。该品种在肥水管理条件好的地方，产量高而稳定，除鲜食外，宜制作蜜枣；种后第 3 年普遍挂果，株产 1kg 左右，5 年后株产可达 10~15kg。

18. 桐柏大枣

原产河南桐柏，果实近圆形，纵径 5.1cm，横径 5cm，一般单果重 46g 左右，果肉厚，黄白色，质地松脆，皮薄，甜度中等，风味可口，品质上等。维生素 C 442.3mg/100g，可食率 97.2%，适宜鲜食或加工，原产地 9 月上旬成熟。该品种适应性与抗逆性强，耐干旱瘠薄，耐盐碱，病虫害为害轻，结果性能好，产量较高，定植后第 2 年株产可达 1~2kg，5 年后进入盛果期，株产可达 8~15kg。

三、枣品种分布

我国枣产区分为南方枣区和北方枣区。鲜食品种在南方枣区主要分布于湖南、湖北、安徽、江苏、浙江 5 个省；北方枣区是我国鲜食枣的主要分布区，按照宁（宁夏）甘（甘肃）新（新疆）、陕（陕西）晋（山西）、河南、冀（河北）鲁（山东）、辽宁 5 个区域来看，冀鲁、陕晋 2 个区域的鲜枣品种规模最大，并且著名的品种也较多；宁甘新枣区的优良鲜食枣品种少，但有一定的发展潜力；河南枣区规模化生产的品种不多；辽宁枣区的优良鲜食枣品种最少。

新选育、审（鉴）定的16个鲜食品种，品质极上5个，上等9个，中上等2个，并且品质优，早果丰产性强，综合性状好，且具有一定的适应性。

结合我国19个鲜食枣产区的特征，划出了11个优良鲜食枣产区。根据各产区的气候、土壤及环境特征，划分出7个类型区，其中最优的是黄河下游山东、河北冬枣产区和山西南部、陕西东部、河南北部黄河中游鲜枣产区；其次是陕晋黄河沿岸黄土丘陵鲜枣产区和山西汾河上游交城、太谷鲜枣产区；新疆环塔里木盆地沿线鲜枣产区，敦煌哈密和河西走廊鲜枣产区，靖远—中宁黄河上游沿岸鲜枣产区有一定的发展潜力；山东南部、河南东部和苏院北部区域鲜枣产区需有适宜的品种特别是抗裂品种。

红枣原产于中国，也是中国的特有树种，目前仅有中国从事红枣的商业化种植，种植面积约占全球的95%。其他国家，如朝鲜、韩国、日本等亚洲邻国仅有少量种植，且未形成规模化生产。中国是世界上唯一出口枣的国家，年出口量10 000t以上，主要面向北美的美国和加拿大、南美墨西哥、欧洲的法国、英国以及少数亚洲及中东国家出口；出口的红枣品种主要是灰枣、贡枣、赞皇枣等。因此，我国在世界枣类生产和贸易中占绝对优势。

第三节　枣栽培管理技术

一、一般栽培管理

枣树的栽培管理，主要注意以下几个方面。

1. 种植密度

红枣种植株行距一般为 2m×4m，每亩 83 株，种植时间在 12 月。

2. 种植方法

种植前先挖长、宽各 80cm，深 80～100cm 的定植坑，挖坑时表土和底土分开堆放，每坑底层放入草或秸秆，中层用 50kg 腐熟农家肥与表土混匀后回填，然后再回填底土（最好全用表土），种植坑回填后高于地面 30cm，或者回土时填至低于地面 20cm 时，灌透水，使坑内土沉实后再填土，使其略高于地面。种植时在定植坑上挖一深 20～30cm 的穴，把枣苗放入穴中央，边填土边提苗、踏实，盖土后略高于地面，种植深度与苗在苗圃里的深度一致，不可种植过深（埋过嫁接口）或过浅。种植后沿树苗四周整成直径 1m 的圆形树盘，浇透定根水并用薄膜（$1m^2$ 大）进行树盘覆盖，以保湿、增温、压杂草。挖坑和种植时都要拉线，以保证苗木种植后达到“三看”一线。

3. 肥水管理

幼树定植后，在春季发芽前 10～15d，每株用尿素 50～100g 对水 10kg 追施，以后每隔 1 个月重复操作 1 次（灌水追肥），追肥位置在距树干 30～40cm 处。

4. 整形修剪

枣种下后剪除根部萌蘖和多余的分枝，主干粗 1.2～1.5cm，二次枝粗 0.8cm 时，在距地面 80～100cm 处剪去主干，把剪口下第 1 个二次枝剪去，以下选位置合适的 3 个二次枝留 1 个芽短剪，以促发侧枝形成第一层主枝，以后用同样的方法培养第二、第三层主枝，第二层主枝 2～3 个，第三层主枝 1～2 个，各层间距离 70～80cm，相邻两层主枝互相错开互不重叠。

5. 套种

不可套种高秆或较耗地力的作物，如玉米、薯类等，可以套种豆科作物，最好套种绿肥，以弥补农家肥用量不足，同时还可压制杂草，覆盖地表。

二、枣树修剪技术

枣树的修剪应做到“冬季为主，冬夏结合；早丰优质，合理负载”。枣树冬季修剪的时期以落叶后至次年萌芽前进行为好；夏季修剪可抑制枣头过旺生长，减少营养消耗，提高坐果率，提高枣果的产量和品质。

（一）按树龄修剪

1. 幼树

幼树期此期树体生长旺盛，新梢生长量大，二次枝抽生数量多，树冠迅速扩大，修剪应做到整形和结果兼顾。主侧枝延长枝一般留全枝长的 2/3 进行剪截，并疏除剪口下 1～2 个二次枝。对密挤枝、交叉枝、重叠枝和无生长空间的徒长枝进行疏除，控制竞争枝、直立旺枝的生长。对生长中庸、角度开张的发育枝应缓放，过长或后部出现光腿的枝条应适度回缩，增加结果枝的数量，培养成结果枝组。对生长较弱的幼树应适当短截，疏除过密细弱枝，多保留健壮枝，拉平直立的枝作为奉养枝，以促发健壮的结果枝。

2. 结果期

结果期此期树冠已基本形成，扩冠已不再是主要任务，修剪的重点是维持良好的树体结构，保持树体的生长势，调节生长和结果的关系，延长结果年限。冬剪时可根据枝条长势、树冠各部位的空间情况，适当疏密、截弱，以保持稳定的结果部位和生长势。对各级延长枝，一般剪去当年生枝的 1/2～2/3，并疏除剪口下 1～2 个二次枝。已郁闭的密植园，剪截延长枝后不再疏除剪口下的二次枝，以控制树冠大小。对衰弱的主、侧枝、多年生辅养枝、结果枝组、下垂枝，在有健壮枝的部位进行回缩更新或抬高角度，使其恢复生长势。树冠上部应注意及早落头开心。打开“天窗”，并回缩或疏除树冠上部和外围的过密枝和强旺枝，以改善冠内光照。对各部位失去结果能力的衰弱枣股，应及早疏除或回缩更新。

3. 衰老期

衰老期此期树冠逐渐缩小，生长转弱，冠内出现大量枯死枝，结果部位外移，产量下降。修剪任务是更新骨干枝和结果枝组，增强树势，促其“返老还童”。要利用中下部角度小、生长健壮的枝换头，或在较直立的枝段回缩，促使隐芽萌发更新。利用好位置适当的徒长枝，培养为骨干枝和结果枝组。对结果枝和结果枝组，要本着“去弱留强”的原则，选留壮枝、壮芽进行更新修剪。对难以更新的极度衰弱树，可在加强土肥水管理的基础上，对主侧枝及大枝组在10~15年生部位进行一次性全树大更新，当年可萌发大量新枝，采取抹芽、摘心和冬剪等措施，第二年即可形成一定产量。

（二）枣树的修剪方法

枣树矮化密植的修剪，应严格贯彻“前促后控、堵上放下、抹摘曲扭、撑拉割扎”十六字修剪方针。枣树的修剪方法主要有以下几类。

前促后控：枣树生长前期（1~2年）尽可能促进枣树快速生长，形成树冠。后控：当树冠基本形成后（3年后）要采取控冠措施控制树冠扩张，促其结果。

堵上放下：利用回缩摘心等措施，控制树冠高生长，一般树冠高控制在2~2.5m。

放下：在枣树结果的同时，采取短截等措施，促进枣树下部萌发新枝。

撑枝：在幼树整形过程中，对基角较小、方向适宜的枝条，用木棍把枝撑到理想的角度。

拉枝：就是用铁丝或绳子把有利用价值的枝条拉到一定的角度和方位。

环割：在主芽上方 1cm 处，用剪刀将主干划伤一圈，深达木质部，以促进主芽萌发抽生新枣头。

捆扎：在主芽上方 1cm 处，用铁丝捆扎主干，使铁丝深入韧皮部，深达木质部，待主芽萌发后及时将铁丝去掉，防止勒入树干或勒断树干。

抹芽：在枣树萌发期或生长期对枣树上萌发的无用幼芽抹去，一年可多次进行，要求随萌发随抹除。

摘心：当枣头生长到一定长度时，将新顶端去掉，摘心程度依枣头生长强度和大小而定，一般生长势弱强摘心，生长势强轻摘心，空间大轻摘心，留 5~7 个二次枝，空间小强摘心留 2~4 个二次枝。

曲枝：对新发生枝着生方位角度不够理想的趁其还没有完全木质化，将其向所需空间弯曲引导。

扭梢：有发展空间，但生长方位和角度不够理想的新生枝条，趁其半木质化时，用手将其从基部扭伤，使枝条弯到理想的方位和角度。

（三）枣树夏季修剪技术

夏季修剪枣树，可控制枣头的生长发育，减少养分消耗，复壮树势，扩大结果面积。夏剪枣树，适时最关键，一般可在新枣头长到 30cm 以上时分期进行。过早，二次枝上枣股主芽易萌发新枣头，影响坐果；过晚，营养生长加速，多头竞争，过多消耗养分。枣树夏季修剪的具体方法如下。

1. 疏枝

疏除膛内过密的多年生枝和骨干枝上萌生的新枣头。枝条疏散，红枣满串；枝条拥挤，吊吊空虚。所以凡位置不当、不计划留做更新枝利用的，都要尽量早疏除。

2. 摘心

就是剪掉枣头顶端的芽。一般摘掉幼嫩部分 10cm 左右，摘心部位以下，保留 4~6 个二次枝。对幼树中心枝和主、侧枝摘心，能促进萌发新枝；对弱枝、水平枝、二次枝上的枣头轻摘心，能促进生长充实；对强旺枝、延长枝、更新枝的枣头重摘心，能集中养分，促进二次枝和枣吊发育，增加枣股数量，提高坐果率。

3. 整枝

对偏冠树缺枝或有空间的，可将膛内枝和徒长枝拉出来，填补空间，以调整偏冠，扩大结果部位。对整形期间的幼树，可用木棍支撑、捆绑，也可用绳索坠、拉，使第一层主枝开张角保持 60°左右。

（四）枣树修剪注意事项

我国的枣树在修剪上长期以来都采取了较为粗放的做法，或不修剪，任其自由生长；或仅在接近地面部分出现双股叉、三股叉时选其中一枝做中心干，其余枝去除，使树高可达 10m 以上。在枣粮间作地区，修剪工作也仅限于将距地面较近的枝条去除，以不影响农作物的光照和田间耕作为原则。在夏季修剪中，部分枣区有疏除过密枝和衰弱枝的习惯，还有对枣树采取环状剥皮以提高坐果率的做法，但应用均不普遍。

随着枣树栽培管理水平的提高，科技工作者借鉴一些修剪较精细的果树如苹果的做法，逐步摸索出了一整套较规范的枣树修剪技术，现将其中的 3 个关键性技术问题分述如下。

1. 对枝条短截需剪两剪子

果树在整形时为培养中心干和主侧枝等骨干枝，都要对枝条进行短截，目的是刺激剪口下发出质量好的新枝以保证该枝继续延长，使树冠不断扩大，同时增加发枝数量。枣树对修剪的反应不敏感，延长枝被截顶后，剪口下第 1 个主芽不容易萌发，因此在对枝条短截时不能像对其他果树那样只剪一剪子，而是要剪两剪子，即先在枝条规定的长度处短截，再将剪口下第 1 个二次枝留 0.5~1cm 短桩剪去，这样才能使该二次枝着生处的主芽像顶芽一样萌生强壮的发育枝，也即枣头枝依照原枝条的方向继续延长，甚至有时还要在主芽上方对枝条进行刻伤以增加刺激程度。这是枣树在短截骨干枝延长枝时应遵循的一个原则。

2. 重视对枣头枝的摘心

夏季修剪是枣树修剪工序中必不可少的重要组成部分，夏季修剪的大量工作是摘心。6 月中旬前后枣树盛花期，待枣头枝长到 5~7 节时，就要进行摘心，当枣头枝上的二次枝长到 3~5 节时，也进行摘心，摘心可增加枣股数量，有利于结果枝组的迅速形成，并可以较大幅度地提高坐果率，还能提高果实品质。一般枣头摘心率应达到 60%以上。近年来在一些密植栽培的枣园还有采取重摘心的方法，即春季新枣头生长达 15~20cm、基部的第 1 个二次枝已明显可见时，从第 1 个二次枝处摘除枣头，促使下部的 2 个隐芽萌发形成木质化枣吊。如梨枣，在管理水平较高的枣园，一个木质化枣吊结 8 个以上的果随处可见。木质化枣吊长至 40~50cm 时也要摘心。6—7 月发育枝停止生长前，对骨干枝延长枝也可以摘心，目的是使侧芽分化更充实，以利于下一年的抽枝。夏季修剪还包括疏除密枣头、调整枝组方向和开张角度以及环状剥皮、环割等工作。

3. 树形选择和整形步骤

枣树树形在过去以自然疏层形和多主枝自然形居多，近年来发展到以主干疏层形和纺锤形为主。前者适于密度较小的枣园采用，树高 5m 左右，中心干上有主枝 7 个左右，有的主枝上还有侧枝，且明显分层，以利于阳光照射到内膛；后者适于密度较大者，系借鉴苹果的密植整形修剪做法，树高随密度而定，密度越大，树高越低，一般在 2~3.5m，主枝在中心干上螺旋排列，不分层。幼树整形时间，在定植后 2~3 年，树干直径达到 2~3m，于发芽前进行定干，定干高度一般距地面 1m 左右，实行枣粮间作的可提高到 1.5m 左右，密植栽培可降低到 0.6~0.8m。定干高度决定后，对中心干按上述两剪子方法进行短截，利用主轴上的主芽抽生枣头来做中心干的延长枝，往下处于整形带的 2~4 个二次枝，若生长正常，留 1~2 节短截，利用该二次枝枣股上的主芽萌发枣头，这样便于培养角度较大的主枝，若较细弱，粗度不够 1.5cm，则直接将二次枝疏除，以刺激主干上的主芽萌生新枣头培养主枝，整形带以下的二次枝全部疏除。下一年修剪时对做中心干延长枝的枣头，可留 50~70cm 短截。主枝的选留培养与上一年相同，主枝若生长方向和角度不符合要求，可采取拉枝撑棍等方法予以调整。以后在修剪时为扩大树冠，密度较小的枣园，对主枝的延长枝在休眠期修剪时可留长 50~60cm，继续按上述方法短截，若主枝生长弱，可缓 1 年进行；密度较大者，不必再对主枝实行短截，只于夏季摘心。进入盛果期以后，在整形过程中，要注意主枝之间的均衡关系，避免某一主枝过强，以免与中心干形成竞争，同时也不致影响相邻植株的正常生长，尤其在密植栽培时更应注意这一点。

三、枣树病虫害防治

枣树病虫害种类多，分布广，为害重，是造成枣树产量低，质量差的重要原因，当前严重发生的病虫害，主要有枣步曲、枣黏虫、桃小食心虫、食芽象甲、枣疯病、枣锈病等。防治时要坚持贯彻预防为主的无公害综合防治措施，以达到有效地控制病虫害的发生与为害。

（一）病害

1. 枣锈病

症状：只为害叶片。发病初期叶片背面散生淡绿色小点，后渐变为暗黄褐色不规则突起，即病菌的夏孢子堆，直径 0.5mm 左右，多发生于叶脉两侧、叶片尖端或基部，叶片边缘和侧脉易凝集水滴的部位也见发病，有时夏孢子堆密集在叶脉两侧连成条状。初埋生于表皮下，后突破表皮外露并散出黄粉状物，即夏孢子。后期，叶面与夏孢子堆相对的位置，出现具不规则边缘的绿色小点，叶面呈花状，后渐变为灰色，失去光泽，枣果近成熟期即大量落叶。枣果未完全长成即失水皱缩或落果，甜味大减。落叶后于夏孢子堆边缘形成冬孢子堆，冬孢子堆小，黑色，稍突起，但不突破表皮。

病原：*Phakopsora zizyphi-vulgaris*（P. Henn.）Diet. 称枣多层锈菌，属担子菌亚门真菌。本病只发现夏孢子堆和冬孢子堆两个阶段。菌丝体无色，大小（30~40）μm×（5~8）μm，夏孢子椭圆形或球形，淡黄色至黄褐色，单胞，表面密生短刺，大小（14~26）μm×（12~20）μm；冬孢子长椭圆形或多角形，单胞，平滑、顶端壁厚，上部栗褐色，基部色淡，大小（10~21）μm×（6~20）μm。

传播途径和发病条件：枣锈病的侵染循环尚不十分清楚，可能以冬孢子在落叶上越冬，也有报道以夏孢子越冬。据检查，枣芽中有多年生菌丝活动。病落叶上越冬的夏孢子和酸枣上早发生的锈病菌是主要的初侵染源。有试验证明，外来夏孢子也是初侵染源之一。夏孢子随风传播，通常于 7 月中下旬开始发病，湿度高时病菌开始侵染叶片。河北东北部枣区，8 月初开始发病，9 月初进入发病盛期，大量夏孢子堆不断进行再侵染，致叶片脱落。有些年份，落叶可推迟到 11 月初。9 月下旬始出现冬孢子。地热低洼，行间郁闭发病重；雨季早、降雨多、气温高的年份发病重。高燥的坡地或地面行间开阔通风良好的枣区，发病较轻。各枣树品种间，内黄的扁核枣、新郑的鸡心枣最感病，新郑灰枣次之，新郑九月青、赞皇大枣，灵宝大枣和沧州金丝小枣较抗病。

防治方法： 一是加强栽培管理。枣园不宜密植，应合理修剪使通风透光；雨季及时排水，防止园内过于潮湿，以增强树势。二是清除初侵染源。晚秋和冬季清除落叶，集中烧毁。三是发病严重的枣园，可于 7 月上中旬开始喷 1 次 1：（2～3）：300 倍式波尔多液或 30%绿得保胶悬剂 400～500 倍液、20%萎锈灵乳油 400 倍液、97%敌锈钠可湿性粉剂 500 倍液、波美 0.3 度石硫合剂或 45%晶体石硫合剂 300 倍液。必要时还可选用三唑酮、敌力脱等高效杀菌剂，用法与用量参见苹果锈病。

2. 枣疯病

症状： 主要表现为以下几种症状类型：花变叶；枝叶丛生；根部萌发疯蘖；冬季疯枝仍保留残枯疯叶而不凋落。以上都出现枝条节间缩短、叶变小及黄化。

病原及发病规律： 该病是由类菌原体（MLO）所致。类菌原体可通过嫁接和昆虫传播（凹缘菱纹叶蝉、橙带拟菱纹叶蝉和红闪小叶蝉）。枣疯病在土壤干旱瘠薄、管理粗放、树势衰弱的枣园发病重。同时该病的发生还与枣树品种、枣园的海拔、坡向有关。

防治措施： 一是培育无病苗木。二是选用抗病品种和砧木。三是加强栽培管理，提高树体抗病力，保持果园卫生，适时防治传毒昆虫。四是进行合理的环状剥皮，阻止类菌原体在植物体内的运行。五是用四环素类药物注入病树，有防治作用，但不能根治，复发时须再注射。

3. 裂果病

从 7 月下旬开始喷万分之三的氯化钙溶液，每 10～20d 喷 1 次，直到采收，可明显减少裂果，可避免在晾晒、加工过程中由于裂果造成损失。此法可结合治虫喷药同时进行。另外还应进行合理修剪，使树体通风透光，以利于雨后果实迅速干燥，减少发病。

（二）虫害

1. 枣飞象

学名： *Scythropus yasumatsui* Kono et Morinot 鞘翅目，象甲科。别名：食芽象甲、太谷月象、枣月象、枣芽象甲、小灰象鼻虫。寄主：枣、苹果、梨、核桃、桃、泡桐、桑、棉、大豆等，以枣受害较重。

为害特点： 成虫食芽、叶，常将枣树嫩芽吃光，第 2~3 批芽才能长出枝叶来，削弱树势，推迟生育，降低产量与品质。幼虫生活于土中，为害植物地下部组织。

形态特征： 成虫体长 4~6mm，长椭圆形，体黑色，被白、土黄、暗灰等色鳞片，貌视体呈深灰至土黄灰色，腹面银灰色。头宽，喙短粗、宽略大于长，背面中部略凹；触角膝状 11 节，端部 3 节略膨大，着生在头管近前端。前胸宽略大于长，两侧中部圆突。鞘翅长 2 倍于宽，近端部 1/3 处最宽，末端较狭，两侧包向腹面，鞘翅上各纵刻点列 9~10 行和模糊的褐色晕斑。腹部腹面可见 5 节。卵椭圆形，长 0. 6~0. 7mm，宽 0. 3~0. 4mm，光滑微具光泽，初乳白、渐变淡黄褐，孵化前黑褐色。幼虫体长 5~7mm，头淡褐色，体乳白色，肥胖各节多横皱略弯曲、无足。前胸背面黄色。蛹长 4~6mm，略呈纺锤形，初乳白后色逐深，近羽化时红褐色。

生活史及习性： 辽宁、河北、山东、河南、山西、江苏年生 1 代，以幼虫于 5~10cm 深土中越冬。山西太谷地区越冬幼虫 3 月下旬开始上移到表土层活动、为害，老熟后在 3cm 左右深处化蛹，化蛹期 4 月上旬至 5 月上旬，盛期 4 月中旬前后，蛹期 12~15d。成虫羽化后一般经 4~7d 出土，4 月下旬田间始见成虫，4 月底至 5 月上旬为成虫盛发期。成虫寿命 20~30d，6 月上旬仍有成虫为害，成虫多沿树干爬上树活动为害，以 10—16 时高温时最为活跃，可作短距离飞翔，早晚低温或阴雨刮风时，多栖息在枝杈处和枣股基部不动，受惊扰假死落地。上树后即开始交配。交配后 2~7d 开始产卵。卵多产在枝干皮缝和枣股落性枝痕内，数粒成堆产在一起。每雌可产卵 12~45 粒。产卵期 5 月上旬至 6 月上旬，盛期为 5 月中下旬。卵期 20d 左右，5 月中旬开始陆续孵化落地入土，为害至秋后做近圆形土室于内越冬。

防治方法：一是 4 月下旬成虫开始出土上树时，用药物喷洒树干及干基部附近的地面，干高 1.5m 范围内为施药重点，应喷成淋洗状态；也可用其他残效期长的触杀剂，高浓度溶液喷洒。或在树干基部 60~90cm 范围内需撒药粉，以干基部为施药重点，毒杀上树成虫效果好且省工，可撒 5%倍硫磷粉剂、4%地亚农粉剂、2.5%敌百虫粉剂等，每株成树撒 150~250g 药粉，撒后浅耙一下以免药粉被风吹走。喷药或撒粉之后，最好上树震落一次已上树的成虫，可提高防效减少受害。本项措施做得好，基本可控制此虫为害。二是成虫为害期树上药剂防治，可喷洒 80%敌敌畏乳油或 50%倍硫磷乳油、40%氧化乐果乳油 1 000~1 500倍液均有较好效果。为提高防效，树干基部附近地表和树干上也应喷药，喷完药之后震树使成虫落地，再向树上爬时增加接触药剂，提高防效。三是早、晚震落捕杀成虫，树下要铺塑料布以便搜集成虫。四是结合枣蠖的防治，于树干基部绑塑料薄膜带，下部周围用土压实，干周地面喷洒药液或撒粉，对两种虫态均有效。五是结合防治地下害虫进行药剂处理土壤，毒杀幼虫有一定效果，以秋季进行处理为好，可用 5%辛硫磷颗粒剂、4%地亚农粉剂、5%氯丹粉剂等，每亩用药 2~3.5kg。

2. 枣尺蠖

学名：_Sucra jujuba_ Chu 鳞翅目，尺蛾科。别名：枣步曲。寄主：枣、苹果、沙果、梨、桃等。

为害特点：幼虫食害芽、叶成孔洞和缺刻，严重时将叶片食光。

形态特征：成虫，雌雄异型。雄体长 10~15mm，翅展 30~33mm，灰褐色，触角橙褐色羽状，前翅内、外线黑褐色波状，中线色淡不明显；后翅灰色，外线黑色波状。前后翅中室端均有黑灰色斑点一个。雌体长 12~17mm，被灰褐色鳞毛，无翅，头细小，触角丝状，足灰黑色，胫节有白色环纹 5 个，腹部锥形，尾端有黑色鳞毛一丛。卵椭圆形，光滑具光泽，长 0.95mm。初淡绿后变褐色。幼虫体长约 45mm，胴部灰绿色，有多条黑色纵线及灰黑色花纹，胸足 3 对，腹足 1 对，臀足 1 对。初龄幼虫黑色，胴部具 6 个白环纹。蛹长 10~15mm，纺锤形，初绿色，后变黄至红褐色，臀棘较尖，端分二叉，基部两侧各具 1 小突起。

生活史及习性：年生 1 代，少数以蛹滞育 1 年而 2 年 1 代。以蛹在土中 5~10cm 处越冬。翌年 3 月下旬，连续 5 日均温 7℃以上 5cm 土温高于 9℃时成虫开始羽化，早春多雨利其发生，土壤干燥出土延收割且分散，有的拖后 40~50d。雌蛾出土后栖息在树干基部或土块上，杂草中，夜间爬到树上，等雄蛾飞来交配，雄虫具趋光性，卵多产在粗皮缝内或树杈处，每雌可产卵千余粒，卵期 10~25d，一般枣发芽时开始孵化。幼虫共 5 龄，历期 30d 左右，幼虫可吐丝下垂，5 月底至 7 月上旬，幼虫陆续老熟入土化蛹，越夏和越冬。

防治方法：一是果园秋翻灭蛹。二是在树干基部缚绑宽约 10cm 的塑料薄膜，膜下部用土压实，并在周围撒布 2.5%敌百虫粉，阻止成虫上树并毒杀成虫及初孵幼虫。三是于薄膜上涂黄油或废机油，阻止幼虫上树。四是震落捕杀幼虫。五是此虫对菊酯类杀虫剂特别敏感，故防效优异。可选用 2.5%功夫乳油4 000倍液或 20%中西菊酯乳油3 500倍液、20%灭扫利乳油3 500倍液、50%来福灵乳油4 000倍液、2.5%敌杀死乳油3 500倍液；也可用 50%杀螟松乳油1 000倍液。六是用苏云金杆菌加水对成每毫升含 0.1 亿~0.25 亿个孢子的菌液，在幼虫期喷洒，如在菌液中加十万分之一的敌百虫效果明显提高。

3. 沙枣木虱

学名： *Trioza magnisetosa* Log. 同翅目，木虱科。寄主：沙枣、枣。

为害特点： 成、若虫刺吸幼芽、嫩枝和叶的汁液，幼芽被害常枯死，被害叶多向背面卷曲，严重者枝梢死亡，削弱树势，大量落花、落果。

形态特征： 成虫体长 2.5~3.4mm，深绿至黄褐色。复眼大、凸出，赤褐色。触角丝状 10 节，端部 2 节黑色，顶部生 2 毛。前胸背板“弓”形，前、后缘黑褐色，中间有 2 条棕色纵带。中胸盾片有 5 条褐色纵纹。翅无色透明，前翅 3 条纵脉各分 2 叉。腹部各节后缘黑褐色。卵长约 0.3mm，略呈纺锤形，具一短的附丝，淡黄色。若虫长 2.3~3.3mm，黄白至灰绿色，扁椭圆形，体表被有白色绵状物。

生活史及习性： 年生 1 代，以成虫在落叶、杂草、树皮缝及树干上枯卷叶内越冬。翌年 3 月气温达 6℃时开始活动。4 月上旬至 6 月上旬交配产卵，交配产卵多在早晨和傍晚，萌芽期卵各产于芽上，数粒在一起，展叶后多产于叶背，卵一端插入叶肉内。5 月上旬开始孵化，下旬为盛期。若虫期 45~50d，5 龄若虫为害最重，虫口密度大时，排出的蜜露使枝叶发亮。6 月中旬至 7 月羽化。成虫寿命长达 1 年左右，白天群集叶背为害，至 10 月下旬气温达 0℃以下时，始进入越冬。天敌有花蝽、瓢虫、草蛉、蓟马等。

防治方法： 一是秋后清除果园落叶、杂草，集中处理。二是药剂防治，参考中国梨木虱。越冬成虫出蛰基本结束时是防治适期。

4. 枣瘿蚊

生活史及习性：普遍发生，虫果率50%~70%，严重影响产量和品质。在河北省1年发生1~2代，以成熟幼虫在树干周围10~15cm土层越冬，来年6月至8月中旬出土，出土早晚与降雨有密切关系，雨早出土提前，蛀果盛期7月底至8月中下旬。

防治方法：一是消灭越冬幼虫。冬春季挖取越冬茧，或在根茎周围1m范围内培10~15cm厚的土堆，拍打结实，防止羽化成虫出土。二是药剂防治。利用性诱剂搞好测报，当每日诱虫量达3~4头时，说明雌成虫高峰出现，高峰后3~4d喷药剂防治。有效药剂：速灭杀丁或菊酯类农药3 000~5 000倍15d 1次。

第二章　枣的营养成分及保健作用

我国是大枣资源最丰富的国家，其营养化学成分复杂，含有90余种成分。且药理活性广泛，具有调节免疫、抗肿瘤、抗氧化、修复肝损伤、抗疲劳等作用，对造血功能以及肠道运动等也有改善作用。近年来得以广泛的研究和利用，现有开发药品、保健品、食品等120余种。近年来，对大枣化学成分的研究主要集中在生物碱、皂苷、黄酮、有机酸及糖苷类等成分。

第一节　枣的化学成分

一、生物碱类化合物

大枣中生物碱种类丰富，除光千金藤碱、N-去甲基荷叶碱、巴婆碱、无刺枣碱A、普罗托品、小檗碱外，很多新的生物碱被陆续发现，多为具十三元环的间柄型和具十四元环的对柄型，其中包括：Aechualkaloid-A、Adouetine X及叶中的Daechucyclopride I，根皮中的Daechuine S3、Daechuine S6、Mucronine D、Daechuine S10、Nummularine B、Frangufoline、Frangulanine、Franganine、Daechuine S5，干皮中的Nummularine A、Jubanine D、Jubanine A、Amiphibine H、Zizyphine A、Scutianine C、Jubanine C、Mauritine A等。

二、黄酮类化合物

黄酮类化合物泛指两个苯环通过中央三碳链相互连接而形成

的一系列 $C_6-C_3-C_6$ 化合物。枣果实中的黄酮类化合物主要包括芦丁、当药黄素、花青素等。这些黄酮类化合物具有清除自由基、延缓衰老、预防心脑血管疾病、降血压、降血脂、降血糖等广泛的生理活性。枣果实中黄酮类化合物的含量较为丰富。韩志萍采用硝酸铝比色法测定了陕北不同产区枣果实中黄酮类化合物的总量在每百克 297.2～764.6mg，黄酮含量因产地和品种不同存在较大差异。以芦丁为代表的黄酮类化合物广泛应用于医药、化工、食品等领域，需求量很大。目前医用来源主要依靠从槐米等中草药中提取，工艺较为成熟，但受原料限制，提取费用较高。枣果实中黄酮类化合物含量高、原料充足、价格相对较低，从枣中提取黄酮工艺可行，经济性好，有较好的应用前景。近年来，以酚类化合物含量为基础的物质抗氧化性能研究较多，大枣中黄酮含量不高，除芦丁、槲皮素、棘苷外，有 5 种新黄酮化合物被报道，分别为：6，8-二-C-葡萄糖基-2（S）-柚皮素、6，8-二-C-葡萄糖基-2（R）-柚皮素、Acylatedflavuone-c-glycoside Ⅰ、Acylatedflavuone-c-glycoside Ⅱ、Acylatedflavuone-c-glycoside Ⅲ。

红枣中富含芦丁。水果中含芦丁的只有红枣、刺梨、白葡萄、杏、杨梅、橘及柚。芦丁有维持毛细血管正常抵抗力、降低通透性、减少脆性的作用，缺乏时毛细血管脆性增加，容易出血；芦丁有抗炎作用，大鼠腹腔注射芦丁，对植入羊毛球的发炎过程有明显抑制作用；芦丁可抗病毒，200mg/mL 浓度时，对水疱性口炎病毒有最大的抑制作用；芦丁还有抑制醛糖还原酶的作用，10mol/L 浓度时抑制率为 95%，这有利于糖尿病型白内障的治疗。这具有维持毛细血管通透性、改善血液循环、防止血管壁脆性增加、扩张冠状动脉和降低胆固醇等功能，对高血压、动脉粥样硬化等疾病有一定疗效，因而可用于心脑血管疾病的预防和辅助治疗。芦丁又称紫皮甙，属于黄酮类物质，在红枣中含量丰富，据资料显示，在红枣中其含量最高达到 330mg/100g，具有抗衰老、抗辐射等作用，用于防治和治疗癌症、心脑血管、高血压等疾病。

郭盛以和田玉枣为原料，进行和田玉枣黄酮的提取、分离、定性及其抗氧化活性研究，发现和田玉枣黄酮的最佳提取工艺为微波辅助提取。微波辅助提取和田玉枣黄酮的最佳工艺参数为：乙醇浓度 80%，微波功率 420W，微波时间 90s，料液比 1∶24，提取量为 412. 25mg/100g。超声波辅助提取和田玉枣黄酮的最佳工艺参数为：超声功率 200W、超声时间 40min、料液比 1∶24，提取量为 378. 25mg/100g。酶法辅助提取和田玉枣黄酮的最佳工艺参数为：pH 值 5. 5，加酶量 4mg 纤维素酶+2mg 果胶酶，酶解时间 1h，酶解温度 45℃，提取量为 382. 53mg/100g。AB-8 型大孔吸附树脂对和田玉枣黄酮的吸附和解吸性能均佳。其分离纯化和田玉枣黄酮的工艺参数为：上样量为 100～120mL，pH 值为 5～6，上样液流速为 1mL/min，上样液浓度为 0. 2mg/mL，洗脱剂为 70%乙醇水溶液，洗脱液流速为 1mL/min，洗脱剂用量为 5BV。经该工艺处理得到的和田玉枣黄酮的纯度为 28. 5%。和田玉枣黄酮具有体外抗氧化活性。和田玉枣黄酮对以下 3 种自由基的清除能力和总的还原能力随浓度的增大而增强。在羟自由基（·OH）体系中，当溶液浓度达到 1mg/mL 时，粗黄酮和纯黄酮对羟自由基（·OH）的清除率分别达到了 78%和 83%。在超氧自由基（O_2^-）体系中，当溶液浓度达到 1mg/mL 时，粗黄酮和纯黄酮对超氧自由基（O_2^-）的清除率分别达到了 44%和 66%。在 DPPH 自由基体系中，当溶液浓度达到 1mg/mL 时，粗黄酮和纯黄酮对 DPPH 自由基的清除率分别达到了 74%和 78%。在相同浓度下，纯黄酮对 3 种自由基的清除率超过粗黄酮。在总还原能力方面，粗黄酮和纯黄酮二者的浓度在 0. 4mg/mL 以下时，总还原能力相差不大，但当浓度超过 0. 4mg/mL 后，纯黄酮的总还原能力比粗黄酮要高得多。并且，运用0.618法和均匀交互设计法得到和田玉枣黄酮口服液的最佳工艺为：（以1L口服液计）和田玉枣纯黄酮1g，乙酸锌33.45mg，蜂蜜106.4g，蔗糖39.14g，柠檬酸1.000g，胡萝卜汁1.35%，枣汁17.35%。该口服液呈淡黄色，略有焦糖香，酸甜适口，体态滑润，无沉淀，无肉眼可见的杂质。

三、皂苷类化合物

大枣中皂苷类化合物主要分布于叶中，主要结构为达玛烷型三萜皂苷，包括枣树皂苷Ⅰ、枣树皂苷Ⅱ、枣树皂苷Ⅲ、大枣皂苷Ⅰ、大枣皂苷Ⅱ、酸枣仁皂苷A、酸枣仁皂苷B、大枣苷等。

四、有机酸类化合物

大枣中有机酸类化合物大多属于三萜酸类，包含了羽扇豆烷型、齐墩果烷型和乌苏烷型等。现已分离鉴定出的有机酸及其酯类物质有2-O-反式对香豆酰基马斯里酸、3-O-反式对香豆酰基马斯里酸、3-O-顺式对香豆酰基马斯里酸、2-O-反式对香豆酰麦珠子酸、3-O-反式对香豆酰麦珠子酸等。

五、香豆素类化合物

大枣中香豆素含量不高，除东莨菪内酯外，还有其他5种香豆素，包括无刺枣苄苷Ⅰ、无刺枣苄苷Ⅱ、Zizyvoside Ⅰ、Roseoside等。

六、神经酰胺基脑苷脂类化合物

从大枣中分离鉴定出了两种神经酰胺基脑苷脂类化合物，分别为（2S，3S，4R，8E）-2-［（2'R）-2'-羟基二十四烷酰胺］-8-十八烯-1，3，4-三醇和1-O-β-D-吡喃葡萄糖基-

（2S，3S，4R，8E）–2–［（2'R）–2'–羟基二十四烷酰胺］–8–十八烯–1，3，4–三醇。

七、酚类物质

枣果实含有丰富的黄酮类和酚类化合物，还有维生素 C、维生素 P 等，都是很强的抗氧化剂，具有清除自由基、延缓衰老的功能。Xue 等测定了枣果皮、果肉甲醇提取物的多酚含量，通过研究提取物抗氧化性能与多酚含量之间的关系，发现枣皮多酚含量远高于果肉，提取物的抗氧化能力与多酚含量成显著正相关。Li 等研究了 5 种枣甲醇提取物的抗氧化活性，结果表明，5 种枣提取物抗氧化能力不同，5 种枣提取物抗亚油酸过氧化能力、还原能力和 DPPH·清除能力的强弱顺序相同，由强到弱依次为：金丝小枣、牙枣、尖枣、骏枣和三变红枣；其中金丝小枣、牙枣、尖枣的抗氧化能力均大于维生素 E。枣果实含有的丰富的黄酮类和酚类化合物，都是很强的抗氧化剂，具有清除自由基、延缓衰老的功能。

八、萜类化合物和 cAMP

三萜类化合物有较高的脂溶性，分子量一般为 400~600，目前已知有 7 种不同的母核结构，在母核上有不同的取代基，常见的有羧基、羟基、酮基、甲基、乙酰基、甲氧基等。由于化学结构的多样性，三萜类化合物有着广泛的生理活性。三萜类物质是由 6 个异戊二烯单位组成的物质，以多种结构和形式存在枣果中，例如山楂酸和桦木酸等，具有阻碍癌细胞恶性增长、保护肝脏等功能。

枣果实含有多种三萜类化合物，以熊果酸和齐墩果酸为代表的五环三萜类化合物是枣果实的主要活性成分，具有保护肝肾、增强白细胞、提高免疫力、杀伤癌细胞的功能。Guo 等建立了一种 HPLC-DAD 法可同时测定 10 种枣果实三萜类化合物，用该法对来自 22 个地区 36 个品种共 43 个红枣样品进行测定，发现影响枣果实三萜类化合物含量的主要因素是品种，其次是产地，所测样品以冬枣的三萜类化合物含量最高，总量高达 8.2mg/g，是普通品种的 4 倍。

环磷酸腺苷环磷酸腺苷（cAMP）具有抗过敏作用，作为蛋白激酶致活剂，是人体内一种重要的生理活性物质，起着放大激素作用信号和控制遗传信息的作用，作为第二信使参与体内多种生理生化过程的调节。cAMP 有着非常显著的抑制癌细胞生长的功能，还参与糖原和脂肪的分解、类固醇的生成以及酶活性的调节等多种生理生化过程，并可作用于基因的转录和翻译，影响蛋白质的合成。

枣果实中 cAMP 的含量丰富而稳定。Hanabusa 等用 500g 中国红枣，经水提取→第一次离子交换→第二次离子交换→氧化铝柱层析→TLC 分离，获得了纯度大于 97%的 cAMP 8.6mg。刘孟军和王永蕙采用蛋白结合法测定了 14 种园艺植物中 cAMP 的含量，发现枣果实中 cAMP 含量最高，其中山西木枣 cAMP 的含量更是高达 302.00nmol/g（鲜枣），是已测高等植物中最高的。赵爱玲等以 26 个枣优良品种为试验材料，采用 HPLC 法测定了白熟期、脆熟期和完熟期叶片、吊梗、果皮、果肉器官中 cAMP 的含量，发现不同器官中 cAMP 含量存在极显著差异，以果皮中含量最高，果肉、叶片其次，吊梗最低；不同发育时期 cAMP 含量以完熟期最高，白熟期最低；不同品种的 cAMP 含量也存在极显著差异，如南京鸭枣果皮的 cAMP 含量（553.55μg/g）约为灌阳长枣（46.65μg/g）的 12 倍。枣果实含有丰富的三萜类化合物和环磷酸腺苷。三萜类化合物大多具有抑制癌细胞的功能，环磷酸腺苷虽不具有抑制癌细胞的功能，但却有调节细胞分裂的作用，二者协同作用，可以有效地抑制癌细胞的异常增生。Fateme

等对枣果实的抗癌作用进行了研究，发现枣的水提取物在体外培养条件下可有效抑制 HEp-2、HeLa 和 Jurkat 肿瘤细胞系增殖，其中 Jurkat 肿瘤细胞系对提取物尤为敏感，其 IC50 为 0.1μg/mL；试验还发现枣的水提取物可以诱导 Jurkat 细胞凋亡，表明红枣水提取物对癌细胞有细胞毒性。对苯二酚（HQ）是苯在人体内的一种代谢产物，具有很强的致癌性和致突变性。据 Inas 等研究，枣果实甲醇提取物可有效清除 HQ 产生的自由基，对 HQ 诱导的染色体畸变有很好的抑制作用。枣果实抗氧化功效与加工方式有关，梁皓等研究了直接干制、煮沸后干制和冷冻后干制 3 种加工方式对枣果实抗氧化功效的影响，发现干制之后枣果实的总抗氧化能力和超氧阴离子清除能力较鲜枣均有所下降，其中煮沸后干制处理组的总抗氧化能力下降较小，其 DPPH·清除能力和 OH·清除能力甚至超过了鲜枣。

九、其他化合物

目前，从大枣中提取分离出的甾体类化合物有谷甾醇、豆甾醇、3β，6β-豆甾醇-4-烯-3，6-二醇、胡萝卜苷等。大枣中环磷酸腺苷含量丰富，鲜果中含量达到 63.7nmol/g，干果含量为 50.01nmol/g，也含有少量的环磷酸鸟苷。同时，大枣中还含有尿苷、鸟苷核苷类成分。大枣富含维生素，包括维生素 C、维生素 E 等，且包含多种矿物质元素，包括氮、钙、磷等大量矿质元素。大枣蛋白质含量较为丰富，干果蛋白质含量为 2.8%～3.3%，其中包括的必需氨基酸有缬氨酸、蛋氨酸等，非必需氨基酸包括谷氨酸、天门冬氨酸等。

第二节 枣营养成分

红枣是一种营养和药用价值都很高的果品。枣的品种繁多，营养也较丰富。枣的果皮和种仁均可入药，果皮能健脾，种仁能镇静安神。枣的核壳可制活性炭。去水分的红枣肉是加工红糖的原料。红枣果肉营养丰富而全面，素有果品中“补品王”“果中皇后”之称。其中的红枣多糖、芦丁、维生素 C 等有效成分更对人体有保健和食疗功效。

一、维生素 C 含量

红枣含有丰富的维生素 A、维生素 C、维生素 B_2 等多种维生素，如表 2-1 所示。新鲜红枣中每 100g 鲜果肉含维生素 C 达 300～600mg，个别品种含量更是高达 800～900mg，而每 100g 桃中只含 6mg，每 100g 梨中只含 4mg，鲜红枣中维生素 C 的含量较柑橘高7～10 倍，为苹果的 75 倍。其他维生素含量依次为维生素 A_1，5. 47IU；维生素 E，3. 83IU；维生素 B_1，0. 17mg；维生素 B_2，0. 35mg，均以 100g 计。

维生素 C 作用如下。

一是维生素 C 可参与体内氧化还原反应而具有解毒作用，如对有机或无机毒物及细菌毒素的解毒作用，能促进抗体的形成。

二是维生素 C 可改善心肌功能，大剂量维生素 C 用于抢救急性克山病人很有成效。

三是维生素 C 可促进免疫系统中抗体的形成而具有抗感染作用。

四是维生素 C 能促进肠内铁的吸收，可抗营养性贫血和缺红细胞贫血。

五是维生素 C 可停止诱发人体癌症的亚硝胺类物质的形成，使亚硝胺失去致癌作用。

二、矿物质含量

红枣中含钙量在果类中是比较高的。每 100g 含钙量为：干枣 52.6mg，橘、橙各含 26mg，苹果 11mg，柿 10mg，桃 8mg，梨 5mg，葡萄 4mg。常食红枣有利于维持机体钙代谢平衡，调节心脏和神经的活动，使肌肉维持一定的紧张度。红枣中也富含磷。以每 100g 含量为：干枣 47.4mg，鲜枣 25mg，橘、橙、葡萄各含 15mg，桃 20mg，苹果 9mg，梨 6mg，柿 19mg，摄入体内的磷质部分转变成磷酸，磷酸是体内合成磷脂的原料之一，神经系统也需要磷质，这些物质一旦老化，行动就迟缓，必须经常提供新的磷质。老年人经常吃富含磷的红枣对健康有益。枣中富含钙和铁，它们对防治骨质疏松、产后贫血有重要作用，中老年人更年期经常会骨质疏松，正在生长发育高峰的青少年和女性容易发生贫血，大枣对他们会有十分理想的食疗作用，其效果通常是药物不能比拟的。Li 等用原子吸收法对金丝小枣、尖枣、牙枣、骏枣等 5 个品种的矿物质元素进行测定，结果表明，枣果实中矿物质元素的含量因品种不同而存在差异。每百克枣果实中含钾 79.2～458mg，磷 59.3～110mg，钙 45.6～118mg，锰 24.6～51.2mg，铁 4.68～7.90mg，钠 3.22～7.61mg，锌 0.35～0.63mg，铜 0.15～0.62mg。

三、脂肪酸含量

红枣中所含的脂肪酸为必需脂肪酸——亚油酸，它能与胆固醇脂结合，所形成的胆固醇酯容易被转运，代谢和排出体外，因此使血脂降低，起着防治动脉粥样硬化的作用。亚油酸也是体内合成磷脂的成分之一，磷脂主要存在于大脑及神经组织，磷脂的重大功能是有助于大脑和神经系统的健康。红枣中含一定量的 CAMP 和 CGMP，CAMP 和 CGMP 是 21 世纪初叶发现的两种具有重要生物活性的环核苷类物质，在哺乳动物体内，CGMP 作为第二信使，参与细胞分裂和分化、形态建成、糖原和脂肪的分解、类固醇生成以及酶的活性等多种生理生化过程的调节，并可作用于基因转录和翻译，影响蛋白质的合成，CAMP 也具有第二信使作用，与 CGMP 一样，在生物体内具有广泛的调节作用，临床证明它们对高血压、糖尿病、癌症、心源性休克等有一定疗效。

四、氨基酸含量

枣果实中还含有丰富的氨基酸，张等采用反相高效液相色谱法测定若羌红枣、河南新郑红枣和哈密红枣的氨基酸含量，发现 3 种枣果实中均含有 18 种氨基酸，其中包括 8 种人体必需氨基酸以及儿童体内必需而又不能合成的组氨酸和精氨酸。3 种枣果实中氨基酸总量分别为每 100g 3.0084g、3.3468g 和 3.0462g，差异不显著。据王向红等、彭艳芳等研究，枣果实营养成分在不同品种之间存在一定差异，同一品种因发育阶段不同也存在差异。

五、糖类

枣果实富含生理活性极高的多糖，鲜果中的含糖量在 40% 以上，干果中的含糖量在 81.3%～88.7%。大枣中多糖含量最多。单糖有葡萄糖、果糖，二糖有蔗糖，低聚糖由鼠李糖、阿拉伯糖、核糖、甘露糖和半乳糖等组成。红枣多糖是由 10 个以上的单糖分子聚合而成的高分子聚合物，是一类很重要的功能性聚合物，水溶性很好，具有抗补体、增强免疫功能、抗癌等重要的作用。

表 2-1　三种枣营养成分的检测

营养成分	赞皇枣	灰枣	骏枣
粗脂肪（%）	0.64	0.55	0.66
总糖（g/100g）	70.3	70.9	70.1
水分（g/100g）	23.6	19.2	18.9
粗纤维（g/100g）	3.4	3.2	2.6
粗蛋白质（g/100g）	3.26	4.12	3.80
氮（g/100g）	0.52	0.66	0.61
维生素 A（mg/100g）	<0.001	<0.001	<0.001
维生素 B_1（mg/100g）	0.048	<0.01	0.020
维生素 B_2（mg/100g）	0.44	0.53	0.43
维生素 C（mg/100g）	32.5	28.3	27.6
磷（mg/100g）	1.2×10^2	88	86
铁（mg/100g）	0.51	0.57	0.82
锰（mg/100g）	0.09	0.16	0.37
铜（mg/100g）	2.7	2.7	2.8
锌（mg/100g）	0.13	0.69	3.7
钾（mg/100g）	1.51×10^3	1.59×10^3	1.26×10^3
钙（mg/100g）	37.8	26.7	17.1
镁（mg/100g）	21	23.7	36.8
天门冬氨酸（%）	0.4	0.33	0.46
苏氨酸（%）	0.039	0.037	0.036
丝氨酸（%）	0.063	0.066	0.066
谷氨酸（%）	0.1	0.094	0.091
甘氨酸（%）	0.053	0.050	0.048

（续表）

营养成分	赞皇枣	灰枣	骏枣
丙氨酸（%）	0.051	0.052	0.046
缬氨酸（%）	0.032	0.03	0.031
蛋氨酸（%）	0.0092	0.013	0.016
异亮氨酸（%）	0.013	0.013	0.015
亮氨酸（%）	0.055	0.053	0.056
酪氨酸（%）	0.013	0.014	0.014
苯丙氨酸（%）	0.033	0.034	0.031
赖氨酸（%）	0.03	0.029	0.030
组氨酸（%）	0.013	0.011	0.014
精氨酸（%）	0.033	0.041	0.038
脯氨酸（%）	1.44	0.94	1.57

枣多糖多为水溶性的中性多糖（JDP-N）和酸性多糖(JDP-A)，分子量较大，结构复杂，具有提高机体免疫力和抗补体等生理活性。Zhao 等经水提醇沉→DEAE 层析→Sepharose CL-6B 层析，从金丝小枣中分离出两种多糖，分别命名为 Ju-B-2 和 Ju-B-3，两种多糖分子量均超过2 000 000，并且都显示出了旋光特性（右旋）。结构研究表明，Ju-B-3 是半乳糖醛酸聚糖，甲基化程度为 7.49%；Ju-B-2 是鼠李半乳糖醛酸聚糖，有支链，甲基化程度为 10.47%。免疫活性试验显示 Ju-B-2 有免疫活性，并且在一定范围内其活性大小与剂量呈线性关系，而 Ju-B-3 则没有显示出免疫活性，这意味着枣果实多糖的免疫活性与多糖结构有关。Zhao 等还通过水提醇沉法分别从枣树的叶、果和花中得到水溶性多糖，多糖得率对应依次为 7.8%、5.1%、18.3%，均主要由糖醛酸、阿拉伯糖和半乳糖构成，只是聚合度和甲基化程度上存在差异。免疫活性试验显示均具有免疫活性，

能显著促进体外培养的小鼠脾脏细胞增殖，其中果和花中多糖的免疫活性更高。李进伟等从金丝小枣中分离出一种枣蛋白聚糖（ZS G4b），ZS G4b 呈白色粉末状，化学组成为 83.5%的多糖和 9.7%的蛋白质。免疫活性试验显示，ZS G4b 在 30～200μg/mL 剂量范围内能显著促进小鼠脾淋巴细胞增殖，并存在明显的剂量—活性关系，同时 ZS G4b 在体外有明显的抗补体活性，表明 ZS G4b 具有提高机体细胞免疫活性的功能。红枣多糖的传统提取方法是热水浸提法，该法存在费时、能耗大、提取率低等缺点，Li 等将超声波技术应用于枣多糖的提取，并应用响应面分析对提取工艺参数进行优化，优化后的超声波提取在显著缩短提取时间的同时还使多糖的得率与纯度得到进一步提高。

张耀雷等的研究介绍了提取多糖的方法。壶瓶枣粗多糖用 D900 型大孔吸附树脂和 DEAE−纤维素−52 柱层析分离，以去离子水和 0～1mol/L 的 NaCl 溶液梯度洗脱，并考察其不同组分清除 DPPH 自由基、羟基自由基和超氧阴离子自由基的能力。结果分离纯化得到 3 个中性多糖组分（ZJP−1、ZJP−3 和 ZJP−5）和 2 个酸性多糖组分（ZJP−2 和 ZJP−4），它们对 DPPH 自由基均有一定的清除能力。其中 ZJP−2 清除超氧阴离子自由基能力较强；ZJP−4 清除羟基自由基能力较强；ZJP−5 清除以上两种自由基能力均较强。结论是：D900 型大孔吸附树脂和 DEAE−纤维素−52 的分离纯化效果较好，而且分离所得的 5 种多糖组分的抗氧化活性各有特点。

枣多糖提取新技术有超声波提取技术、微波提取技术等。

1. 超声波提取技术

在提取枣多糖时，枣细胞壁的破碎程度直接影响提取效率。超声提取法是一种物理破碎过程，是通过频率在 20kHZ 以上的超声波对媒质产生独特的机械振动作用和空化作用而破碎细胞，提高提取率的。此外，超声波还可产生许多次级效应如热效应、乳化、生物效应、凝聚效应等也能加速多糖在水中的扩散和释放。与常规提取法相比，超声波提取可缩短提取时间，提高提取率。超声波提取在多糖的提取中得到广泛应用。姚瑞祺等通过试验发现超声波频率 28kHZ，提取时间 2.5h，提取温度 70℃时，大枣多糖提取率可达 7.51%，比常规提取法提取率提高了 48.7%。杨春等通过正交试验，确定超声波提取各因素影响程度为：提取液 pH 值>料液比>提取时间>提取温度>超声波功率。与传统的热水提取法相比，超声波提取具有高效、节能、省时的特点，且可提高枣多糖得率与纯度。

2. 微波提取技术

微波提取的原理是微波射线辐射于溶剂并透过细胞壁到达细胞内部，由于溶剂及细胞液吸收微波能、细胞内部温度升高、压力增大，当压力超过细胞壁的承受能力时，细胞壁破裂，位于细胞内部的有效成分从细胞中释放出来，转移到溶剂周围被溶剂溶解。微波具有穿透力强、选择性高、加热效率高等特点。它作用于植物细胞壁，其热效应可促使细胞壁破裂、细胞膜中的酶失去活性，细胞中多糖容易突破细胞壁和细胞膜而被提取出来，大大加快提取速度、缩短提取时间，有效地提高多糖得率。微波对枣多糖的提取有很好的辅助作用。吕磊等通过正交试验确定了微波法提取枣多糖的工艺条件为 pH 值 6.5 的水浴浸泡 60min，再用微波处理 5min，其多糖的浸提率为 5.26%。石奇等以陕北大枣为原料，去离子水为提取剂，探讨得到微波法提取大枣多糖的最佳工艺为：微波提取 pH 值 6.6、微波功率 480W、微波时间 4min。这些研究的提取结果与热水提取法对比，无论是从多糖得率、纯度还是提取时间分析，都充分证明微波提取的效果优于常规热水提取法。若将其广泛地引入大枣多糖提取工艺中，必将极大地促进大枣多糖的工业化进程。

六、膳食纤维

膳食纤维指不能被人体内源消化酶消化吸收的可食用植物细胞、多糖、木质素以及相关物质的总和，它包括纤维素、半纤维素、木质素、胶质、黏质寡糖、果胶等成分，可根据其溶解性分为可溶性膳食纤维和不可溶性膳食纤维。膳食纤维不被人体消化吸收，因而过去很少受到重视，直到 20 世纪晚期它的生理功能才为人们有所了解并逐渐得到公认。膳食纤维有广泛的生理功能，包括调整肠胃，促进大肠蠕动，防止便秘，改善肠道菌群；调节血糖、血脂；控制肥胖；清除汞、镉、砷等外源有害物质，膳食纤维对人体健康有重要意义。酶—重量法是 AOAC 认可和推荐的分析方法，也是目前公认的测定膳食纤维含量的准确方法，目前利用该方法测定枣果实中膳食纤维含量的研究还未见报道，仅有一些枣果实粗纤维含量分析的文献。传统意义上的粗纤维是样品经特定浓度的酸、碱、醇、醚处理后剩余的残渣，由于经过酸碱及有机溶剂处理导致几乎 100%半纤维素和 10%~30%纤维素溶解损失。因而粗纤维含量和膳食纤维含量之间有较大差别，并且它们之间没有一定的换算关系。由此可见，枣果实中的膳食纤维还有待进一步研究。

新疆是国家战略资源的重要储备区和西部大开发的重点，拥有日照时间长、昼夜温差大等得天独厚的自然条件，非常适合种植枣树。然而栽种管理混乱、成品转化率低、市场小、产品运输贮藏保鲜困难、加工转化能力低等问题极大制约新疆红枣产业发展。刘聪对新疆红枣的营养品质和加工工艺进行研究，他比较了新疆和田玉枣与山东无棣金丝枣、河北沧州大枣的品质区别。结果表明，不同品种间常规营养成分和次生代谢产物含量存在显著差异。新疆和田玉枣的可溶性固形物含量为（25. 6±0. 11)%、维生素 C 含量（235. 13±0. 66） mg/100g、可滴定糖含量(32. 10±

2.23）g/100g、总酸含量（12.16±0.77）g/100g、多糖含量（10.85±0.28）g/100g、黄酮含量（0.22±0.01）g/100g、总酚含量（2.29+0.11）g/100g；其中，新疆红枣的还原糖、黄酮和总酚均显著高于其他品种（$P<0.01$）。通过测量新疆和田玉枣和若羌灰枣果实中不同部位的质量比及其次生代谢产物的分布，分离枣皮、枣肉、枣核，并采用分光光度和高效液相色谱等分析测定方法，测定其总酚、黄酮、三萜、多糖、环磷酸腺苷等生物活性成分的含量。结果发现，红枣常规非可食用部位（枣皮和枣核）占枣果总重量的20%～30%；枣皮的总酚(0.77～1.20g/100g)和总黄酮（0.29～0.43g/100g）含量最高；枣肉中三萜含量（35.88～40.21mg/100g)、枣肉的多糖含量（4.72～6.13g/100g）最高，显著高于枣核（$P<0.01$）；cAMP主要分布于枣皮及枣肉中（7.22～33.56mg/100g）测次生代谢产物在枣核中测得的含量均最小。其中cAMP的含量在不同品种间差异显著；和田玉枣的皮和肉中cAMP含量（27.25～33.56mg/100g）最高，与其他品种相比差异极其显著（$P<0.01$），和田玉枣枣皮的cAMP含量是山东大枣和若羌灰枣的3倍以上，枣核中cAMP含量约为两倍。他们根据新疆红枣的特性，研发出营养丰富、枣香浓郁、品质稳定的新型全枣粉。采用分部提取、低温粉碎、提取物回加等技术，充分利用了常规非可食部位（枣皮和枣核）中的有效成分，保留了枣果的全营养素和风味，并解决了现有枣粉易结块、色泽和风味差等问题，并可利用残次枣进行综合加工，提高了资源的利用率。还初步探索了天然来源的植物抗逆剂（碧佑、碧护）对新疆枣树的作用，发现植物抗逆剂可显著提高红枣单果重量和多糖、三萜类化合物含量（$P<0.05$）；对总黄酮含量也有一定影响；且碧佑处理过的红枣果粒大小均匀，提高了红枣的品级。然而由于植物抗逆剂主要通过诱导植株自身产生内源激素而起作用，对果树施用量不同，其功效影响差别很大。今后需要更加深入广泛的研

究，确定碧佑对红枣的最佳施用范围和作用。

第三节　枣的保健作用

我国是全世界最早将红枣用于医药的国家。早在3世纪《名医别录》里，就有关于红枣药用的记载。红枣有“补中益气，坚志强力，除烦闷，疗心下悬，除汤僻”的功效。到了6世纪，说它主治“心腹邪气，安中养脾，平胃气。《神农本草经》通九窍助十二经将红枣列为上，补少气，津液，身中不足，大惊四肢重，和百药，久服轻身延年。7世纪，《日华子本草》记载它“润心肺，止咳嗽，补五脏，治虚劳损。”明朝李时珍著《本草纲目》记载红枣有“大枣味甘、平、无毒，主治：心腹邪气，安中，养脾气，平胃气，通九窍，助十二经，补少气，少津液，和百药，久服轻身延年。”《中国药典》记载“大枣性味与归经；甘、温。归脾、胃经。功能与主治：补中益气，养血安神。用于虚食少，乏力便溏，妇人脏躁。1997年江苏新医学院编《中药大辞典》记载：“大枣性味；甘、温、入脾、胃经。功效与主治：补脾和胃，益气生津，解药毒。治胃虚食少，脾弱便溏，气血津液不足，营卫不和，心悸怔忡，妇人脏躁。用法与用量：内服，煎汤15~20g或捣烂作丸。”现代中药认为：大枣味甘，性温，补中益气。养血安神，生津液，解药毒等功效。可用于脾胃虚弱，食欲不振，大便稀烂，疲乏无力，气血不足，津液亏损，心悸失眠等症。

近代药理学研究表明，红枣有提高机体免疫力，促进白细胞的生成，降低血清胆固醇，提高血清白蛋白，保护肝脏，临床辅助治疗高血压、糖尿病、癌症、心源性休克等作用，是体弱者的良好滋补品，是老少皆宜的营养佳品，其商品性历代不衰。经常食用鲜枣的人很少患胆结石，这是因为鲜枣中丰富的维生素C，使体内多余的胆固醇转变为胆汁酸，胆固醇少了，结石形成的概率也就随之减少；对病后体虚的人也有良好的滋补作用。

一、补气养血

红枣中富含的这些营养保健成分具有极高的食疗价值，对人们健康长寿具有重要的意义。诸多研究证实，可能主要是由于红枣中的多糖成分影响造血系统、促进造血的结果。目前认为，造血调控的关键在造血干细胞和造血祖细胞，尤其是后者膜上出现了造血生长因子（HGF）的受体。多糖是红枣中促进造血的有效成分，其作用机制可能是通过启动机体造血调控系统，间接地刺激造血干细胞和造血祖细胞增殖分化。红枣多糖可能是通过保护和改善对造血细胞的增殖、分化、成熟和释放起重要调控作用的造血微环境，直接或间接的诱导并激活造血微环境中的巨噬细胞、成纤维细胞、淋巴细胞等；也可能是通过体内间接途径刺激骨骼肌组织，使它们分泌活性较高的红系造血调控因子，造血调控因子调节造血干细胞和祖细胞的增殖与分化，促进红系造血。红枣有补中益气、养血安神之功效。红枣中的高维生素含量，对人体毛细血管有健全的作用。用红枣 20 枚，鸡蛋 1 个，红糖 30g，水炖服，每日 1 次，适用于产后调养，有益气补血之功效。

二、促进睡眠

红枣，有补脾、养血、安神作用。晚饭后用红枣加水煎汁服用即可；或者与百合煮粥；临睡前喝汤吃枣，都能加快入睡。用鲜红枣 1 000g，洗净去核取肉捣烂，加适量水用文火煎，过滤取汁，混入 500g 蜂蜜，于火上调匀取成枣膏，装瓶备用。每次服 15mL，每日 2 次，连续服完，可防治失眠。大枣中的活性成分具有镇静、安神和降压的功效，是镇静安神常用的中草药。

据 Oh 等研究，红枣的甲醇提取物具有抑制胆碱酯酶活性、改善人体记忆力的功能。Goetz 等报道，受心神不宁、失眠多梦等症状折磨的患者服用红枣乙醇浸提物后，症状得到明显改善。目前关于枣属植物镇静安神作用的研究多集中于酸枣仁（酸枣的种子），对枣果实中起镇静安神作用的成分及其作用机理还有待深入系统的研究。

吕俊廷等为观察甘麦大枣汤加减治疗围绝经期女性睡眠障碍临床疗效，将 60 例门诊病人随机分为两组，治疗组 30 例，口服甘麦大枣汤加减汤剂治疗，对照组 30 例口服右佐匹克隆，两组均连续用药 28d。结果发现，治疗组脏燥证症状相对对照组明显消失，治疗组对解除症状有效率达 80.00%，经检验差异有统计学意义（$P<0.05$），所以得出结论，甘麦大枣汤加减汤剂在改善围绝经期女性睡眠障碍方面比右佐匹克隆更有优势。郝春颖等探讨使用酸枣仁汤治疗甲亢失眠的效果。他们选取两年里收治的 70 例甲亢失眠患者作为研究对象。随机将这些患者分为对照组和实验组，每组各 35 例患者。为对照组患者使用舒乐安定片进行治疗，为实验组患者使用酸枣仁汤进行治疗，然后观察并比较两组患者 PIEGEL 睡眠量表的评分、匹茨堡睡眠质量指数量表（PSQI）的评分、治疗的效果。结果发现，经过治疗后，两组患者的 PIEGEL 睡眠量表评分、PSQI 评分均得到了明显的降低，且实验组患者降低的幅度明显大于对照组患者，差异显著，具有统计学意义（$P<0.05$）；实验组患者治疗的总有效率明显高于对照组患者，差异显著，具有统计学意义（$P<0.05$）。由此得出结论，使用酸枣仁汤治疗甲亢失眠的效果显著，值得在临床上推广应用。吴斐观察酸枣仁汤合左归丸治疗妇女更年期失眠症的临床疗效。选取 90 例更年期失眠症女性患者作为研究对象，随机分为治疗组与对照组各 45 例，对照组给予安定、谷维素治疗，治疗组给予酸枣仁汤合左归丸治疗，每日 1 剂，连续治疗 4 周为 1 个疗程，比较两组患者临床疗效。结果发现，治疗组愈显率

(95.5%）明显高于对照组（73.4%）（$P<0.05$）；两组患者治疗后潮热、盗汗、心烦及乏力各项伴随症状评分及PSQI评分较治疗前明显降低（$P<0.05$），治疗组较对照组降低明显（$P<0.05$），具有统计学意义。结论：酸枣仁汤合左归丸治疗妇女更年期失眠症较西药治疗效果理想，可显著改善患者睡眠质量。为了对酸枣仁汤治疗甲亢失眠的临床效果进行观察研究。韩选取于2014年1—12月期间在接受治疗的60例甲亢失眠患者随机分成两组对舒乐安定片和酸枣仁汤的临床效果进行对照研究。结果发现治疗组患者的治疗总有效率高于对照组，匹兹堡睡眠质量指数低于对照组，SDRS减分总有效率高于对照组，差异有统计学意义（$P<0.05$）。所以说酸枣仁汤用于治疗甲亢失眠具有显著的临床效果，能够改善患者的睡眠质量。

王艳昕等观察加味酸枣仁汤联合经颅微电流刺激治疗肝郁血虚型失眠症的临床疗效，将52例肝郁血虚型失眠症患者随机分为联合治疗组和西药对照组，每组26例，联合治疗组患者口服加味酸枣仁汤，并接受经颅微电流刺激疗法，西药对照组患者口服艾司唑仑。两组疗程均为4周，治疗前后，分别采用匹兹堡睡眠质量指数（Pittsburgh Sleep Quality Index，PSQI）和睡眠状况自评量表（Self Rating Scale of Sleep，SRSS），评价患者的睡眠质量。治疗后观察两组的临床疗效，中医证候疗效及安全性。联合治疗组与西药对照组治疗后PSQI总分、SRSS总分均较治疗前显著降低（$P<0.05$）。两组治疗前后PSQI、SRSS降程度比较，差异无统计学意义（$P>0.05$）。两组临床疗效比较，差异无统计学意义（$P>0.05$）。两组中医证候疗效比较，差异具有统计学意义（$P<0.05$）。联合治疗组的不良反应比西药对照组少，且随访无反跳。

三、美容

因为红枣具有养颜补血的作用，如果经常用红枣煮粥或者煲汤的话，能够促进人体造血，可以有效的预防贫血，使我们的肌肤越来越红润。红枣中含有非常丰富的维生素 C 和环-磷酸腺苷，能够促进我们肌肤细胞的代谢，防止黑色素沉着，让我们的肌肤越来越洁白细滑，达到美白肌肤祛斑的美容护肤功效。大枣滋润肌肤，益颜美容，民间有“一日食仨枣，百岁不显老”“要使皮肤好，粥里加红枣”之说。取红枣 50g，粳米 100g，同煮成粥，早晚温热食服，对美容皮肤大有益处。究其原因是红枣中大量的维生素 B 可促进皮下血液循环，使皮肤和毛发光润，面部皱纹平整，皮肤更加健美。红枣有健脾养胃之功能。“脾好则皮坚”，皮肤容光焕发，毛发则有了安身之处，所以常食营养丰富的红枣可以防止毛发脱落，而且可长出乌黑发亮的头发。

四、健胃补脑

中医常用红枣养胃健脾。如在处方中遇有药力较猛或有刺激性药物时，常配用红枣，以保护脾胃，红枣中含有糖类、蛋白质、脂肪、有机酸，对大脑有补益作用。用红枣与面粉制成枣糕，能养胃补脑。

五、抗衰老

大枣有减少老人斑的作用。红枣中所含的维生素 C 是一种活性很强的还原性抗氧化物质，参与体内的生理氧气还原过程，防止黑色素在体内慢性沉淀，可有效地减少色素老年斑的产生。

六、保肝护肝

红枣中所含的糖类、脂肪、蛋白质是保护肝脏的营养剂。它能促进肝脏合成蛋白，增加血清红蛋白与白蛋白含量，调整白蛋白与球蛋白比例，有预防输血反应、降低血清谷丙转氨酶水平等作用。红枣有保护肝脏及增强肌力的功效，老年人患急性或慢性肝炎而肝功能不正常者，假如抽血化验，血清谷丙转氨酶较高，每晚睡前服大枣花生汤（大枣、花生、冰糖各50g，先煮花生，后加大枣和冰糖）1剂，30d为一疗程，观察12例均有疗效。所以说红枣具有降低血液胆固醇，预防血管硬化，增强机体免疫力，延缓衰老，防癌，抑癌等功效，是药食同源的典型。据Shen等研究，枣果实的醇溶性物质具有保护肝脏的作用，可有效减轻有毒、有害物质对肝脏的损伤，该试验用不同剂量的红枣乙醇提取物饲喂四氯化碳损伤肝脏的小鼠模型，发现200mg/kg的剂量可以显著降低小鼠体内丙氨酸转氨酶（ALT）和天冬氨酸转氨酶（AST）的水平，使小鼠的肝损伤得到有效缓解；同时发现，给小鼠饲喂红枣乙醇提取物还提高了小鼠肝脏细胞SOD、过氧化氢酶和谷胱甘肽过氧化物酶的活性，使小鼠肝脏清除自由基的能力大大增强。用红枣50g、大米90g，熬成稠粥食之，对肝炎患者养脾护肝大有裨益。用红枣、花生、冰糖各30～50g，先煮花生，再加红枣与冰糖煮汤，每晚临睡前服用，30d为一疗程，对急慢性肝炎和肝硬化有一定疗效。

七、治疗心血管疾病

红枣在临床上可用于治疗非血小板减少性紫斑，解除挛急，治疗痣病，辅助治疗脾胃虚弱，缓和药性，防治营养性水肿和高血压症。大枣—原生态据国外的一项临床研究显示：连续吃大枣的病人，健康恢复比单纯吃维生素药剂快3倍以上。红枣所含有的环磷酸腺苷，是人体细胞能量代谢的必需成分，能够增强肌力、消除疲劳、扩张血管、增加心肌收缩力、改善心肌营养，对防治心血管系统疾病有良好的作用；中医中药理论认为，红枣对慢性肝炎、肝硬化、贫血、过敏性紫癜等病症有较好疗效；红枣含有三萜类化合物及环磷酸腺苷，有较强的抗癌、抗过敏作用。

八、消炎

枣仁精油具有很强的抑菌消炎作用。Sharif 等选取 5 株单核细胞增生性李斯特菌作为试验材料，用纸片琼脂扩散法研究了枣仁精油的抑菌效果并测定了其最小抑制浓度。结果枣仁精油对李斯特菌具有很强的抑制能力，对 5 个菌株的最小抑制浓度为 31.25~62.5μg/mL，还研究了枣仁的甲醇、乙酸乙酯、氯仿和己醇 4 种不同溶剂提取物的抑菌效果，发现 4 种提取物均有较强的抑菌能力，其中乙酸乙酯提取物的抑菌效果最好，对 5 个菌株的最小抑制浓度为 62.5~250μg/mL。据 Sharif 等研究，枣仁精油对 TPA、（12-O-十四烷酰佛波醇-13-乙酸酯）诱导的小鼠耳朵发炎模型有良好的疗效，1%剂量的枣仁精油处理可使小鼠耳朵的炎性肿胀率和水分含量分别下降 44.4%和 51.0%，效果优于等剂量的氢羟肾上腺皮质素（7.4%和 39.0%），组织学分析进一步证实了枣仁精油具有抗炎症作用。

九、其他成分

枣果实中含有聚原花青素，可有效抑制具有甲氧西林耐药性的金黄色葡萄球菌生长，而且多聚原花青素的抑菌效果明显高于二聚原花青素。国内曾有人用红枣治疗过敏性紫癜，每天吃 3 次红枣，每次 10 枚，一般 3d 见效。红枣中的乙基-D 呋喃葡萄糖苷衍生物对 S-羟色胺和组织胺有对抗作用。

总之，枣果实以其丰富的营养、独特的医疗保健作用和显著的疗效而受到广泛关注。近年来，我国对枣果实进行了大量研究并取得了丰硕成果。但整体而言，对枣果实功能成分及其保健食品的研究与开发尚处于起步阶段，仍有一些问题需要进一步深入研究：①目前枣果实功能成分研究多以不同种类成分研究为主，而同一种类中的不同单体功能成分，它们的分子结构、理化性质、生理功能、作用机理以及相互之间的构效关系、量效关系等还有待深入细致的研究，为进一步发展枣果实保健食品提供科学的理论依据。②枣果实中不同种类以及各种单一功能成分之间关系、它们之间可能产生的协同或拮抗作用。如枣果实中的黄酮和膳食纤维，它们都具有调节血糖、血脂的生理活性，但二者之间的协同作用还有必要进一步深入研究。③对影响枣果实功能成分生物利用率、作用效能的因素以及它们在不同加工工艺和存储条件下的变化机理进行研究。④开展枣果实保健食品安全性评价方面的研究。目前枣果实保健食品的安全性是建立在枣果实长期食用、药用的经验基础之上的，缺少系统而全面的毒理学研究数据。枣果实中的不少功能成分作为药物可以应用，但作为保健食品长期广泛的食用其安全性还有待于确定。

随着社会经济的不断发展，人们的保健意识日益增强，对保健食品的需求量也会越来越大，开发枣果实保健食品有着广阔的市场发展前景。运用各种新技术新手段研发具有特定功能的保健产品，加强对枣果实这一宝贵资源的深度开发和综合利用，使其更好的发挥保健食品和药品的作用。开发枣果实保健食品不仅能增加市场上枣制品的种类，增加枣果实的经济附加值，同时对于进一步开拓枣制品的国际市场、带动整个枣产业的发展都具有非常重要的意义。

第三章　枣加工技术

第一节　枣加工工艺及技术内容

枣加工品是利用食品工业的各种加工工艺处理新鲜枣而制成的产品。枣加工是食品工业的重要组成部分。枣加工的根本任务就是通过各种加工工艺处理，使枣达到长期保存、经久不坏、随时取用的目的。在加工工艺处理过程中要尽可能最大限度的保存其营养成分，改进食用价值，使加工品的色、香、味俱佳，组织形态更趋完美，进一步提高枣加工制品的商品化水平。

一、枣加工原料及预处理

枣加工方法较多，其性质相差较大，不同的加工方法和制品对原料均有一定的要求，优质高产、低耗的加工，除受工艺和设备的影响外，与原料的品质好坏及原料的加工过程有密切关系。枣加工对原料的要求是要有合适的种类、品种，适当的成熟度和良好、新鲜完整的状态。加工前预处理是保证加工品的风味和综合品质的重要环节，一般包括选别、分级、洗涤、去皮、修整、切分、烫漂、抽空等工序。

二、重点枣加工制品的技术内容

1. 枣罐头

是将枣原料经处理后密封在一种容器中，通过杀菌将绝大部分微生物消灭掉，在维持密闭状态的条件下，能够在室温下长期保存的枣保藏方法。其工艺过程包括原料的预处理、装罐、排气、密封、杀菌与冷却等。近几十年，保藏技术发展较快，主要表现在包装材料与包装容器制造技术、杀菌工艺和杀菌方式及相应的设备等方面。如包装材料从传统的金属材料和玻璃材料向塑料复合薄膜发展。马口铁罐制造从身缝焊锡向身缝电阻焊缝发展。罐盖向易拉罐盖发展。杀菌技术研究了高温短时间的杀菌方法，并在杀菌过程中由静止杀菌改进为回转杀菌，提高了杀菌效应。

2. 枣干制

是指脱去一定水分，使产品具有良好保持性的一种加工方法。如果干和脱水枣等。干制过程中干燥技术发展较快，由传统的自然干制发展到人工干制，其中人工干制中的微波干燥、远红外干燥技术是近几年发展起来的新技术。

3. 枣汁加工

枣汁一般指天然汁；人工加入其他成分称枣汁饮料或软饮料；饮用时需稀释的加糖枣汁称枣饴或枣汁糖浆；直接饮用的适当加糖枣汁称枣汁。近年来，枣汁加工技术发展较快，体现在冷冻、冻干、浓缩技术、无菌包装技术、反渗透和超滤技术的广泛应用。

4. 枣糖制

是以食糖的保藏作用为基础的加工保藏法。枣糖制品具有高糖或高糖高酸的特点。糖制品加工是枣原料综合利用的重要途径之一，其制作工艺多沿用传统糖制加工技术。

5. 枣酒酿造

枣酒是以枣果实为主要原料制成的含醇饮料。酿造工艺主要环节包括发酵前的预处理、酒精发酵、贮存与陈酿、成品调配、过滤杀菌、装瓶等。近 40 年，枣酒加工技术进展较快，目前应用较多的先进技术有枣酒的热浸提技术、CO_2浸渍技术、连续发酵技术等，在枣酒发酵设备改进上应用了如自动循环、发酵罐、旋转发酵罐、连续发酵罐等先进设备。目前我国果酒酿造技术与国外相比存在一些差距，体现在原料品种的引进和选育、优良酵母菌株的选育、新品的开发等。

红枣是我国特有的果品，不仅味道甘美、营养丰富，而且能养血安神、补中益气，具有很高的药用价值，是集营养与保健医疗于一体的优质滋补品。但鲜枣不易保存，加工方法又落后，使红枣的营养成分和风味物质损失严重，而且加工时间长，经济效益也较低。如何改进加工方法，最大限度地提高枣产品营养成分的保存、减少风味物质的损失、改善感官品质、缩短加工时间，目前成为研究的重点。枣深加工产品种类较多，如枣粉、枣汁、枣纤维、枣提取液、枣酊、枣酒、枣泥、枣糕、蜜枣、枣酪、枣醋、枣茶、枣片、枣多糖、冻干枣、枣精油、枣主粮化等。

第二节　枣干制加工工艺

鲜枣生吃最有利于营养的吸收；干枣则适合煮粥或煲汤，能使其中的营养成分很好地释放出来。鲜枣中的维生素 C 含量虽高，但不容易长期保存，常温下几天时间就会失去鲜脆的口感。为了方便保存，可以将鲜枣晒干制成干枣。红枣干的加工有自然晒干和人工干制两种方法（图 3-1）。

根据中华人民共和国国家质量监督检验检疫总局发布的干制红枣的国家标准（GB/T 5835—2009）规定，红枣的干制使用充分成熟的鲜枣，经晾干、晒干或烘烤而成，果皮红色至紫红色；果实大小均匀，同一等级的干制枣果大小要基本一致；枣果肉质肥厚，干制红枣可食部分的百分率超过一定的数值为肉质肥厚。鸡心枣可食部分不低于 84%为肉质肥厚，其他品种可食部分达到90%以上者为肉质肥厚。

（一）晒干法

1. 工艺流程

原料→质检→晒制→翻动→去杂→成品

2. 操作要点说明

应选择皮薄、肉质肥厚致密、糖分高、核小的品种。红枣干制前一般只需挑选一下，不作其他处理。如先在沸水中热烫5~10min，立即冷却后摊开晒制，可提高干制品品质。自然干燥一般需一个月左右，并在晒制过程中每天翻动几次，以加速干燥过程，同时厚度不要太大，保证水分的快速蒸发。晒干法多在枣园的空旷地搭一木架，上边铺以苇席，再把枣铺在席上。白天晒时要用棍翻动，晚上把枣收成堆，盖上苇席，防止露水打湿。白天若遇雨要遮盖，以防枣腐烂。如此暴晒5~6d，即可制成干枣。

3. 分类

自然晒制的方法比较简便，一般待枣充分成熟着色后采收，于晒场或平房顶等高处晒制。其中，塑料袋日晒：将枣装入10kg的塑料袋中，每袋装5kg左右，用绳绑袋口，置于烈日下暴晒，使其在塑料袋内充分蒸腾，晚间将枣倒出，放水。水泥地板日晒：选朝阳的水泥地板，将枣均匀摊上，厚8~10cm，用大块塑料布将四周盖严压实，烈日下暴晒，晚间全掀开，放水，第二日再如此法暴晒。如此反复进行15~20d，直至手握枣不发软具有弹性感，含水量下降至28%以下，即可分级收藏。干燥率为(3∶1) ~ (4∶1)。

晾干法是利用自然通风使枣干制的方法。待枣成熟采收后拣去烂枣，按干湿程度把枣分开，摊放在通风的室内或遮阴棚下，使枣果打成垄形，垄高约30cm，每天翻动1次，翻动1个月左右。直至手握枣不发软具有弹性，含水量下降至28%以下即可干制成红枣。其缺点是占地面积大不宜大量加工。

目前，枣产区主要采用传统的自然干燥法，虽简便易行，成本低廉，但受自然条件限制明显。红枣的收获季节主要集中在8—10月，而红枣栽植地区此时期阴雨天气居多，如果通风不好，将会出现霉变。红枣自然干燥情况下暴晒于户外，将会降低红枣的色泽，同时置于户外受风沙的污染，降低了红枣的质量。自然干燥耗时耗力，已严重制约了特色农产品经济效益的提高。

（二）人工干制法

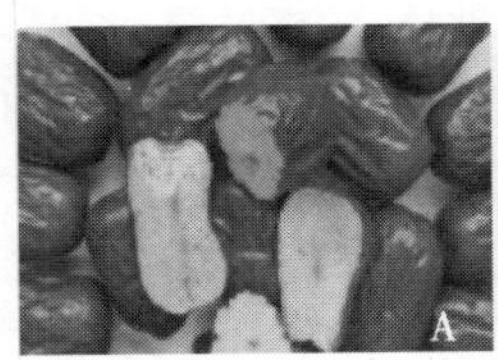

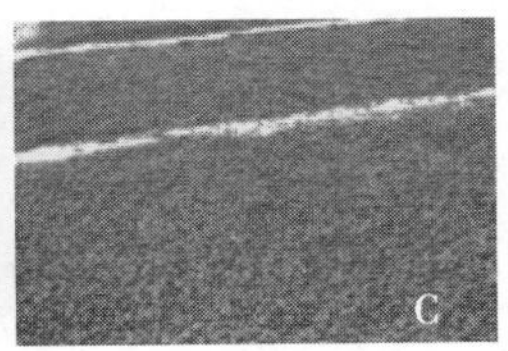

图3-1　枣的制干品种

A. 为无核小枣，B 为无核红，C 为赞新大枣

1. 工艺流程

原料→质检→清洗→烫漂→预热→蒸发→干燥→回软→冷却→分级→包装→成品

2. 操作要点说明

（1）原料。选择新鲜成熟、果大核小、皮薄肉厚、含糖量高的原料进行加工等适合加工品种，如婆枣、乐陵小枣等。

（2）质检。选体形均匀、整齐、肉厚、核小的枣，及时采收，并剔除虫、病、霉、烂以及有红圈的枣。

（3）清洗。洗净泥沙及附着在果面上的微生物。

（4）烫漂。将枣在开水锅中焯一下，捞出沥干，目的是减少氧化作用。

（5）预热。逐步加温，为水分大量蒸发作准备。在烘房室温达到55~60℃后保持6~10h，装枣后关闭通风窗口；当枣温达

35~40℃时，稍感烫手，待7~8h后，用力压枣时枣身会出现皱纹；枣温达45~48℃时，枣表面会出现一层小水珠。

（6）蒸发。使枣内部的游离水大量蒸发，此时，必须加大火力，在8~12h内使烘房内达到68~70℃，但切忌超过70℃。必须达到60℃以上，以利水分大量蒸发，并注意通风排湿，在每个班生产期开窗放气5~10次。通风排湿后必须关闭进气和排气口，使室内温度迅速升高，以便持续不停地蒸发水分。当枣果表面出现皱纹时，说明干燥正常。但注意后期火不可太大，否则易烤焦或枣子干湿不匀。此时还必须对烘盘调换部位，并要不断抖动，使每个烤盘上的枣温度均一。或者经过清洗的枣进入风干机，利用输送带向前输送的情况下，上端的风干设备对枣原料进行风干处理，主要是风干枣表面的水分。

（7）干燥。当枣内温度均匀一致，在6h内可完成此阶段工作。因为后期枣内水分已不多，应特别注意火候要匀，切勿过大，以50℃为佳。此时相对湿度也降了下来，如高于60%时可稍加排湿。随着枣内水分逐渐平衡，也就达到干燥目的了。注意把干燥好的样品及时卸出来。或者进入烘干机进料斗，由不锈钢输送网带带枣进入预温段进行预温，使枣子内部的游离水渗出。然后枣原料进入高温段，烘干机温度可按工艺随时调节加温。为了保存枣内大量的营养成分和以利水分的蒸发，温度应不超过70℃，此时室内相对湿度很高，在温度不变的情况下，用排风机抽出湿风，加快干燥速度，当枣内温度均匀一致枣果表面出现皱纹，枣果随网带进入冷却段，对枣果进行降温，由于枣本身含有糖分，在热的作用下糖分很容易发酵变质，枣内的原味胶也会分解成果胶。因此，烘干以后必须冷却，再进入包装阶段。

（8）回软。将干燥后的枣堆积12~15d，使其内部水分重新转移，分布平衡。回软过程中应注意检查，防止发酵、霉烂、发热等不良现象。

(9) 冷却。烘出的枣必须注意通风散热，待冷却后方可堆积。如把刚从烘房卸下的红枣堆放于库内，由于红枣本身含糖多，在热的作用下，糖分很容易发酵变质，枣内的原果胶也会分解成果胶和果胶酸，必然使枣成为烂泥一摊，也会使枣内的糖变化，出现带有酸味的细丝，使红枣遭到破坏。因此，烘烤完毕，一定要彻底冷却后，才能入贮。

(10) 分级。枣原料进行烘干后，要根据不同的直径尺寸、枣的成熟度、品种、色泽等进行分级，做到同一级别大小均匀一致，对枣原料进行不同的分级。

(11) 真空包装。为了保证干枣保质期和原有的风味，进入抽真空包装，称重定量，每袋500g或1 000g，装入真空袋，最后装入纸箱内。

产品质量标准：色泽，小枣皮色深红，大枣皮色紫红，有自然光泽；风味，甜而无酸，不得有异味；质地与外观，枣身干燥，掰开枣肉不见断丝、颗粒大小均匀，无虫蛀、破口；含水量，22%左右；含糖量，65%以上。

3. 干制方法分类

(1) 烘房干制。烘房一般为砖木结构，呈长方形，长度一般取6~10m，净宽为3~3.4m，净高2~2.2m。房顶以平顶为好，可在椽子上铺席箔，箔上铺10~15m厚的三合土，再抹3~8cm厚的水泥层。地点一般选在土质坚实、空旷通风、交通方便、卫生良好的场所。烘干前将采收的鲜枣按大小、成熟度分级，剔除病虫害果、破伤果和残落果及杂物。然后装盘，装盘量因枣品种不同而异，一般烘盘装量为13~15kg/m^2，厚度以不超过两层为宜。烘烤过程分为预热、蒸发和烘干3个阶段。

(2) 真空干燥。即随着容器内工作压强的降低，溶剂（例如水）的沸点下降，物料中的水分扩散速度加快，依靠热传导将外来热量传递给被干燥物料。真空干燥具有处理物料所需温度低、干燥速度快、干燥后的物料品质好等优点。微波干燥主要是利用介电加热原理，依靠高频电磁振荡来引发分子运动，使被加热物发热，加热方式有别于传统的对流、传导与辐射，微波直接对物体进行加热，使物体本身成为一个发热体。微波真空干燥技术是将真空干燥技术和微波干燥技术结合充分发挥各自的优点，在真空环境下，水或溶剂分子的传热相对容易，大大缩短了干燥时间，提高了生产效率。微波真空干燥技术效率高、传热速度快、受热均匀、提高了干燥质量、便于控制、无环境污染、有灭菌和消毒功效等优点，被广泛应用于实际生产中。微波真空干燥技术始于 20 世纪 80 年代的美国、日本。熊永森等以南瓜为试验材料研究微波干燥技术，并对其干燥规律及工艺进行了优化研究。

（3）红外干燥。是利用红外线辐射器所产生的电磁波，以光速直线传播到达被干燥的物料，当红外线的发射频率和被干燥物料中分子运动的固有频率相匹配时，引起物料中分子强烈振动，在物料的内部发生激烈摩擦产生热而达到干燥目的。红外干燥技术干燥速度快、生产效率高、设备小，建设费用低，干燥质量好，建造简便，易于推广。远红外线或红外线辐射元件结构简单，烘道设计方便、便于安装。1939 年，美国福特公司第 1 次运用红外灯固化汽车表面的油漆。金逢锡和顾广瑞对辐射线干燥谷物进行了研究，从红外线的特性出发，分析了构成物质的分子结构被红外线不同区域照射之后其能级状态的变化。

（4）射频干燥技术。是一种新型的干燥技术，应用广泛，射频热风干燥的主要是利用分子极化现象，当置于电场中的介质，受到电场作用时分子会发生相应的转动，分子间的相互作用，致使物料中的分子运动，产生相应的摩擦效应，因此物料被加热。射频热风联合干燥技术能量穿透深度大，电磁波在物料中的穿透深度与其频率成反比，远高于射频，对物料的穿透深度远小于射频。虽然成本较低，但易发生偏移现象，受物料形状的限制。

（三）干枣的保存方法

干枣贮藏比较容易，只要保证贮藏环境的干燥并注意防止虫害和鼠害，一般能保存 1 年以上。其具体方法有以下几种。

缸藏：适于少量贮藏。将于枣直接或用 60°酒边喷边装入洁净的缸或坛内，密封置于凉爽的室内，可贮藏 3 年以上。

囤藏和屋藏：适于大量贮藏时采用，将席子卷成囤，将干枣置于囤中，或将干枣置于屋内。在其囤和屋内放置防潮、吸湿和散热物质，此外还可放置酒坛起到防虫防变质的作用。夏季是干枣贮藏中最关键的时期，因为夏季属高温高湿季节，干枣容易受潮霉烂、虫蛀等造成很大损失。所以在有条件情况下，夏季转入塑料袋密闭抽真空包装贮藏，且品质明显提高，好果率达到 90%以上。

（四）干枣的挑选

看色泽：干枣应为紫红色，有光泽，皮上皱纹少而浅，不掉皮屑。如果皮色不鲜亮，无光泽或呈暗红色，表色有微霜，有软烂硬斑现象的红枣皆为次品。

观果形：枣的果形完整，颗粒均匀。无损伤和霉烂的为优良品。观果形应注意枣蒂，如有虫眼和咖啡色粉末的枣为质次品。

检验干湿度：枣的干湿度与质量密切相关，检验方法是手捏红枣，松开时枣能复原，手感坚实的质量为佳。如果红枣外表湿软皮黏，表面返潮，极易变形的为质次品。有苦涩味且核大的红枣为质次枣。

（五）干枣的分级

干制小红枣等级如表 3-1 所示，共分为 4 个级别，分别是特等果、一等果、二等果、三等果。

表 3-1　干制小红枣等级

分级	果形和果实大小	品质	损伤和缺陷	含水率	容许度	总不合格果百分率
特等果	果形饱满，具有本品种应有的特征，果大均匀	肉质肥厚，具有本品种应有的色泽，身干，手握不粘果，总糖含量≥75%，一般杂质不超过0.5%	无霉变、浆头、不熟果和病虫果。破头、油头果两项不超过3%	不高于28%	不超过5%	不超过3%
一等果	果形饱满，具有本品种应有的特征，果大均匀	肉质肥厚，具有本品种应有的色泽，身干，手握不粘果，总糖含量≥70%，一般杂质不超过0.5%，鸡心枣允许肉质肥厚度较低	无霉变、浆头，不熟果和病虫果。破头、油头果不超过5%	不高于28%	不超过5%	不超过3%
二等果	果形良好，具有本品种应有的特征，果大均匀	肉质肥厚，具有本品种应有的色泽，身干，手握不粘果，总糖含量≥65%，一般杂质不超过0.5%	无霉变、浆头果，病虫果、破头、油头果和干条果四项不超过10%（其中病虫果不得超过5%）	不高于28%	不超过10%	不超过10%
三等果	果形正常，具有本品种应有的特征，果大均匀	肉质肥瘦不均，允许有不超过10%的果实色泽较浅，身干，手握不粘果，总糖含量≥60%，一般杂质不超过0.5%	无霉变果，浆头果、病虫果、破头、油头果和干条果五项不超过15%（其中病虫果不得超过5%）	不高于28%	不超过15%	不超过15%

干制大红枣等级如表3-2所示，共分为3个级别，分别是一等果、二等果、三等果。

表 3-2　干制大红枣等级

分级	果形和果实大小	品质	损伤和缺陷	含水率	容许度	总不合格果百分率
一等果	果形饱满，具有本品种应有的特征，果大均匀	肉质肥厚，具有本品种应有的色泽，身干，手握不粘果，总糖含量≥70%，一般杂质不超过0.5%，鸡心枣允许肉质肥厚度较低	无霉变、浆头，不熟果和病虫果。破头、油头果不超过5%	不高于25%	不超过5%	不超过5%
二等果	果形良好，具有本品种应有的特征，果大均匀	肉质肥厚，具有本品种应有的色泽，身干，手握不粘果，总糖含量≥75%，一般杂质不超过0.5%	无霉变、浆头果，病虫果、破头、油头果和干条果四项不超过10%（其中病虫果不得超过5%）	不高于25%	不超过10%	不超过10%
三等果	果形正常，具有本品种应有的特征，果大均匀	肉质肥瘦不均，允许有不超过10%的果实色泽较浅，身干，手握不粘果，总糖含量≥60%，一般杂质不超过0.5%	无霉变果，浆头果、病虫果、破头、油头果和干条果五项不超过15%（其中病虫果不得超过5%）	不高于25%	不超过5%	不超过5%

魏利清等针对新疆枣在自然干制过程中品质劣变的现象，研究采用自然干制和热风干制两种方式干制红枣，枣中果糖、葡萄糖和蔗糖等可溶性糖含量的变化规律。结果表明，在干制过程中果糖、葡萄糖与还原糖含量均呈上升趋势，蔗糖等非还原糖与可溶性总糖含量均呈下降趋势；各种糖含量发生显著变化的时期主要在干制初期，干制工艺对糖含量的变化影响较大；在干制过程中，非还原性糖大量降解，其中高温和低温长时间干制时降解量大；果糖含量始终高于葡萄糖含量，且干制过程中二者的消耗量

几乎一致。他们还以新鲜哈密大枣为原料，采用自然干制和热风干制两种方式，设定不同的干制条件，通过研究干制过程中枣果物理变化、营养物质及部分生理生化指标的变化规律，对枣干制过程中苦辣味形成原因进行了探讨。得到以下结论：一是干枣的质地、口感可通过剪切力来衡量。干制温度过高或过低，均使剪切力增加而影响口感；剪切力与水分率密切相关，相同水分范围内，45℃干制枣剪切力最低，质地柔软、口感最好。二是干制条件对干枣风味品质影响较大，低温长时间或高温短时间干制对枣风味品质的形成不利，特别是自然干制的枣苦辣味最突出，焦糊味明显，甜味欠佳。较低温度的热风干制可以避免苦辣味的产生，40℃烘干的枣苦辣味最淡。三是干制过程中，果糖、葡萄糖与还原糖含量均呈上升趋势，蔗糖等非还原糖与可溶性总糖含量均呈下降趋势，干制初期变化显著。干制条件对糖含量影响较大，热风干制条件下，干制温度越高，蔗糖降解越快；自然干制条件下，阴制枣蔗糖含量下降较快。还原糖含量与焦糊味呈显著正相关（$P<0.05$），蔗糖含量与焦糊味呈显著负相关($P<0.05$)，含糖量与甜味、苦味、辣味没有直接相关性。四是干制条件对总酸含量有较大影响，65℃干制条件下整个干制过程中的总酸含量均高于鲜枣，且始终高于其他干制条件，糖酸比始终处于最低水平；其他干制条件下枣果的总酸含量均低于鲜枣。总酸含量与酸味呈显著的正相关（$P<0.05$）；糖酸比与甜味呈显著的正相关（$P<0.05$），与辣味呈显著负相关（$P<0.05$），与苦味呈一定负相关（$R=0.53$）。五是干制使枣的可溶性蛋白质含量下降。干制前期，干制温度越高，可溶性蛋白质含量下降越快；干制结束时，40℃烘干的含量最低。可溶性蛋白质含量与苦味呈一定正相关($R=0.62$)。六是干制条件对维生素 C 有较大影响，干制前期均急剧下降，降至较低值后基本不变。维生素 C 与风味的关系不大。七是干制过程中无氧呼吸代谢相关酶活性及代谢物均呈先

上升后下降的趋势，乙醇脱氢酶活性与乙醛含量的变化一致，丙酮酸脱羧酶的活性与乙醛积累量呈正相关，干制前期，乙醛和丙酮酸含量的变化同步。乙醛、丙酮酸的积累量与酸味、甜味、苦味、辣味没有显著的相关性。八是干制过程中，β-葡萄糖苷酶活性呈先上升后下降的趋势。干制条件对酶活性及持续的时间有影响：干制温度低（自然干制），酶活性也相对较低，但持续时间长。40℃和45℃烘干枣的酶活性较高，持续时间较长（40~48h），感官评定无苦辣味，风味较好。九是干制过程中，总酚与类黄酮含量总体均呈上升趋势。褐变度变化与总酚含量和水分率有关，除45℃干制条件外，其他干制条件的褐变度值与总酚含量均呈极显著的正相关（$P<0.01$），与水分率呈极显著负相关（$P<0.01$）。十是干枣的苦味、辣味和焦糊味互相呈显著的正相关；甜味与苦味、辣味和焦糊味呈极显著负相关；酸味与其他味之间直接相关性不大；其苦辣味的产生受干制条件、糖酸比、可溶性蛋白质、β-葡萄糖苷酶等的综合影响。

王恒超等采用自然干制、热风干制和真空冷冻干制3种方式干制新疆骏枣，研究骏枣在干制过程中的维生素C、总酸、总糖、蔗糖、果糖、葡萄糖、可溶性蛋白质含量的变化规律。结果表明，在干制过程中，维生素C和总酸含量呈下降趋势，维生素C在干制过程中损失率极大；总糖、果糖和葡萄糖含量均呈上升趋势，而蔗糖含量呈下降趋势；可溶性蛋白质含量呈先下降后上升的趋势。以上几种营养物质的保存过程中，真空冷冻干制保存率最高，热风干燥次之，自然干制最低。

为测定不同干燥方法处理红枣的维生素C含量。杨艳杰等分别采用自然晒干、微波干燥、电热恒温干燥的方法处理样品，用草酸提取各样品中维生素C，37℃时与2，4-二硝基苯肼反应，用分光光度方法于波长490nm处测定吸光度。发现鲜枣中含维生素C 324.64mg/100g，随着自然日晒天数的增多维生素C

含量迅速减少；电热恒温干燥的样品维生素 C 含量 21.63 mg/100g；微波干燥样品维生素 C 含量 93.25mg/100g。微波干燥处理的红枣维生素 C 含量显著高于自然晒制 20d 和电热恒温干燥的样品。自然干燥过程中前 7d 果实维生素 C 含量下降幅度较小，8d 后果实维生素 C 含量显著下降，约 2 周后果实维生素 C 的含量变化不大。所以说 3 种红枣干制方法中，以微波干燥处理的红枣维生素 C 含量最高。

为探索干制条件对红枣香气品质的影响，闫忠心采用固相微萃取结合气相色谱/质谱联用技术分析鉴定了 50℃、60℃、70℃热风干燥，自然阴干的糖心枣 5 种红枣样品的香气成分及相对质量分数，对红枣中 7 类主要香气物质进行主成分分析（principal component analysis，PCA）。结果表明，影响红枣香气品质的主要香气物质种类为酯类、醛类、酸类和酚类；自然阴干的红枣香气品质较差，采用热风干制可有效提高红枣的香气品质；60℃热风干制的红枣香气成分综合得分最高，优于 50℃和 70℃热风干制红枣的香气品质，为红枣的干制工艺提供了技术依据。主成分分析法可实现对红枣干制条件的区分，并能较好评价红枣的香气品质。

第三节　蜜枣加工工艺

蜜枣属于干果类，用割枣机，把大青枣周身割一次，使得容易吸糖，然后放入锅中用白糖煮，晒干，就成了平时吃的蜜枣。也可用于泡茶，有一股枣的清香，一般只喝茶不吃茶中枣，偏甜。中国有三大蜜枣分别是：京式蜜枣（17%+水分，又称北式蜜枣）、徽式蜜枣（13%-水分，南式蜜枣）和桂式蜜枣（7%-水分），可以看出来三者口感越来越硬。常见的金丝蜜枣、阿胶水晶枣都属于京式蜜枣及其变种。这些都是软蜜枣。而后面的两类都属于硬蜜枣。

（一）蜜枣制作一般方法

1. 工艺流程

原料选择→去核→清洗→煮制→糖渍→洗糖→干制→包装→成品

2. 操作要点

（1）原料选择。选出形状完整、成熟充分、色泽鲜艳、无虫蛀、无破头、无霉变的枣果作原料。选用果形大而均匀、皮薄核小、肉厚疏松、颜色由青转白的枣果为原料，将乳白色、发红、有机械损伤的枣果剔除。

（2）去核。用去核器捅枣核，核口直径应小于 0.7cm，口径完整无伤，捅孔口上下端正。

（3）清洗、划丝。用软水将枣果洗净，用划丝机或手工划丝，划丝深约 3mm，不宜太深。过深容易造成破枣，过浅则糖分不易渗透，容易失水而造成僵枣。枣面上纵划细密的条纹，每果 70~80 刀，深度以达果肉厚度的一半为宜。把枣果投入切枣机（划缝机）的孔道内切缝，也可人工切缝。将划缝后的鲜枣用清水浸泡，中途更换几次清水，直到浸泡的水无色为止，目的是去掉未完全成熟的枣果中的涩味。

枣果两头适当留头，每个枣果划丝 30 道左右。将去核后的枣果，倒入 65~70℃干净的温水中，轻压轻翻，浸泡 5min 左右，待枣肉发胀、枣皮稍展、吃透水分时，即可捞出沥干水分。

（4）煮制、糖渍。将 25kg 水烧开后，加入 17.5kg 的白糖，再烧开后倒入 20kg 枣。煮沸 40min 后加入 12.5kg 的白糖及 40g 的柠檬酸，开锅后再煮 20min 左右，至枣皮舒展呈紫红色为止。煮好后连同糖液一起倒入缸内，浸泡 40~48h，待枣肉渗饱糖，液呈黑紫色为止。或者采用糖煮的方法。糖煮方法包括一次煮成法和分次加糖一次煮成法 2 种，一般多采用分次加糖一次煮成法。可用质量分数为55%~60%的浓糖液60~80kg，加入糖液，总量0.5%的柠檬酸，将50~60kg鲜枣投入其中，加热煮沸至果肉煮软时，倒入质量分数为50%的糖液5kg，此时锅中糖液停止沸腾，3~4min后糖液又开始沸腾时加糖。分次加糖的方法是：第1次至第3次每次加糖5kg，浇入浓糖液1~2kg；第4次至第6次每次加糖6~7kg，不加糖液；第6次加糖后，煮沸约20min，此时糖液的质量分数已达70%以上，红枣饱满透明，连同糖液移到缸中浸渍1~2d后烘烤。

（5）洗糖。将煮浸好的糖枣，用漏勺捞入铁筛中，沥去表面糖液，放入100℃的沸水中，轻轻转动铁筛，洗净枣果表面糖液后倒入烤盘中。

（6）烘烤、干制。将烤盘送入烤房干制，采用气烤的办法，1次需数小时，开始时气压为200kPa；2h后慢慢把气压升到400kPa左右，烘烤约10h，即制成糖枣成品。将糖煮后的枣果捞出沥尽糖液，摊放在烘盘上，以60~80℃的温度进行烘烤。开始时用微温（温度过高会出现返糖现象），然后逐渐提高温度，3~4h后翻动1次。最高温度不得超过80℃，待枣果表面干燥后可将温度降低。20~24h后表面不粘手时停止烘烤，稍晒后即可整形，紧接着进行分级并继续烘干，温度仍控制在60~80℃，开始微温，2~3h后略微升高温度，然后每隔1h翻枣1次，发现红枣表面干燥，随即改用低温。总之，烘烤时的温度应掌握中间高、两头低的原则。枣坯也可放在阳光下进行晒制。晒制的方法是：白天在阳光下晒，晚上则要收起，以免沾上露水或被雨淋。5~6d以后，可将枣坯分成大、中、小3类，分别摊放在竹席上，再晒10d左右（枣大或阳光不足，晒的时间要长些；反之，晒的时间则可短些）即可收存。

（7）分级。按照蜜枣大小、外观分级。

（8）包装。包装制成产品。

其中，简易识别蜜枣干燥状况的方法是：用手掰开蜜枣，若核、肉易分离，则说明蜜枣比较干燥；若枣肉黏核，则说明蜜枣不干燥，须继续烘烤。

糖枣的质量要求。枣切缝均匀，吃糖饱满，滋味纯正，符合食品卫生标准。产品表面呈金丝状，糖枣残核率不超过 1%，色泽鲜艳，紫红透明，香甜可口，无异味，无焦煳味，含糖量 70%以上，含水量为 15%~18%。

（二）广德蜜枣加工

广德蜜枣主要产于广德县邱村镇梅泉村、施村村、下寺村，是青枣的糖渍干制珍品。其个大、整齐、核小、扁平长圆形或扁平圆形，外表有丝状刻痕，琥珀色，透明，迎光可见核，质地硬实，含糖量高，营养丰富，素有“金丝琥珀蜜枣”之称。行销国内市场及中国香港、中国澳门、东南亚各地，在国际市场上广受赞誉。广德蜜枣具有 300 余年的加工历史。

1. 工艺流程

选料→鲜枣分选→划枣→洗枣→煮枣→养浆（吸糖）→滤浆→初烘→捏枣（蜜枣整形）→复烘→蜜枣分级

2. 操作要点

（1）选料。加工蜜枣的原料主要有牛奶枣、羊奶枣、红大枣、甜大枣、木头枣等果实较大的品种，牛奶枣品质最好。鲜枣的采收期以白熟期为宜，一般在 8 月下旬至 9 月中旬。红大枣、甜大枣在 8 月下旬至 9 月上旬采收，牛奶枣、羊奶枣、木头枣在 9 月上中旬采收。鲜枣的成熟度对蜜枣的品质影响很大，在白熟期采收的鲜枣所加工的蜜枣，煮枣时间短，吸糖率高，成品琥珀色且透明，口感好；而过于青的鲜枣，煮枣时间长，吸糖率低，成品色暗，不透明，口感差。

（2）鲜枣分选。由于枣花分批开放，同株树上鲜枣成熟度差异很大，鲜枣大小不一，为了保证加工原料成熟度的一致性，各品种的鲜枣按大、中、小分成3级，并拣出病虫果和小枣不作加工。

（3）划枣。将鲜枣平均割划出许多裂缝，以利于煮枣过程中吸收糖分。划枣要求划痕均匀，深度一般为果肉厚度的1/2左右，不能过浅或过深。过浅难煮透不利吸收糖分，过深果肉容易破碎，此项工作以往用手工操作，难度较大，不易掌握，且效率低，易破碎，现改用划枣器划枣，具有效率高、易掌握、切缝均匀等优点。

（4）洗枣。将分选划过的鲜枣用清水淘洗干净后，盛于竹筐中，以备加工。

（5）煮枣。煮枣是加工蜜枣的关键工序，技术要求很高。煮枣所用的糖要求是纯净的白砂糖，用口径为60cm的锅。先将水和纯净的白砂糖放入锅内，随即将划过清洗后的鲜枣放入锅内，进行烧煮，每锅鲜枣8.5～9.0kg，白砂糖6.0～6.3kg，即1kg鲜枣需纯净的白砂糖约0.7kg、水0.5～1.0kg。煮时，加大火，一般在10min内煮沸，此后不能断火，使锅内保持沸腾状态，煮沸后30min左右，火要适当小些，在煮沸过程中，由于枣内水分和某些内含物的外渗，以及一些杂质和脏物使锅内不断产生一些泡沫状物质，要求及时将其舀除，这一工作称作“打浆”或“打沫”，打浆直接影响蜜枣的色泽和透明度。

煮枣时间因鲜枣成熟度、果型大小以及品种不同而存在差异，一般需要45～60min。煮枣过程中，要不断地翻动，判断枣是否煮好的依据有两点：一是看汤；二是捏枣。看到煮枣的汤液由乳白色转变为黄色时，捏一下锅内的枣，如果可以明显地感觉到枣核，即说明枣已煮熟煮透，即可起锅，枣起锅前要放一些枣油，即上锅煮枣后过滤下来的糖液，目的在于降低锅内的温度，解除沸腾状态，便于盛枣，与此同时要打开风门压火。

（6）养浆。将煮好的枣连同煮好的糖液一起盛放于口径为

60cm 的锅中浸泡吸收糖分，每隔 10min 左右转锅 1 次，并将枣由一口锅翻倒至另一口空锅中，以保证所有的枣都能充分吸收糖分。养浆的过程实际上是枣吸收糖分的过程，由于在煮枣时，枣处于高温高渗条件下，果内水分大量排出，细胞膜透性被破坏，高浓度的糖液可以通过扩散经过刀缝进入果肉内，从而使果肉内含有大量的糖分。养浆过程中，由于大量的糖液被果肉吸收，锅内糖浆不断减少，同时枣果互相浮托，使得一些枣裸露在糖液之外，而影响糖分吸收，因此要间隔一定时间翻转 1 次，以保证各个枣吸收糖分一致，一般在养浆过程中要翻动转锅 4~5 次。

（7）滤浆。待养浆的枣充分吸糖后，将枣倒入竹篮中，过滤多余的糖液，沥干，以利焙烘。滤浆时将竹篮置入木架上，架下放置 1 口空锅，多余的糖液（即“枣油”）流入空锅内，一般放置 10~20min。

（8）初烘。初烘又称稀烘或初焙，将滤浆后的蜜枣平摊于用竹篾编织的烘罩上，罩的周围糊上 1 层纸，防止热量散失。下面用碳火烘烤煮好的枣子，促其干燥。烘烤时，烘罩中间留出 13~16cm 见方的空间不放枣，以利通气。下面用木炭或浮碳火焙烘时，烘罩上盖以竹匾，起初不能盖严实。烘一会使枣子表面大量的水分蒸发后再将竹匾盖严，初烘时，火势不宜过强，温度不宜太高，以免枣子表面糖液结壳，阻碍枣果内水分蒸发，造成外焦内湿，影响品质，中期温度可高些，火势可稍强，后期温度要稍低些，因此火势要由弱渐强，由强渐弱，以防烘焦。初烘时，烘罩内温度要经常保持在初烘过程中，由于各处温度有差别，为了保证枣干燥一致，必须经常翻动枣，每隔 1h 将枣翻动 1 次。翻动方法是将枣子由一个烘罩倒入另一个烘罩，再摊平。为了保持温度，一般每 2h 左右拨动 1 次烘钵内的火，一般连续烘焙 2h 左右，枣果外面有白糖霜析出，此时即可取出。初烘时，为了降低空气湿度，烘房内要保持一定的通气状态，以利水分散失。阴雨天，室外空气湿度高，要关闭通风窗，同时要注意安全，防止一氧化碳中毒。

（9）捏枣。捏枣即蜜枣整形是用手捏压枣子，使其外形为扁平长圆形，经捏制的蜜枣一般可平叠垒放5~7枚而不倒。初烘的蜜枣柔软可塑性强，对一些果顶尖的品种，如牛奶枣、羊奶枣，还要压一下果顶，使其变成圆钝形，美观大方。捏枣还有一个重要的作用即破坏枣果上的“糖衣”，以利复烘干燥。

（10）复烘。复烘又称老烘或老焙。经过初烘整形后的蜜枣仍含有一定量的水分，复烘的目的是使蜜枣充分干燥。复烘的温度比初烘低些，一般保持在50~60℃。复烘时，要不断翻动枣，拨动底火，开始时枣的含水量较高，温度可高些，之后随着水分的减少，温度要适当降低。复烘需要24h，直到蜜枣内外干硬一致，外表析出一层白色的糖霜时，即制成成品蜜枣。

（11）蜜枣分级。蜜枣分级即将成品蜜枣按大小分开包装。一般分为特级（60~80个/kg）；一级（80~100个/kg）；二级（100~120个/kg）；三级（120~140个/kg）；级外品，又称枣丁（>140个/kg）。

王俊华以陕西和宁夏的红枣为原料，分析了不同品种红枣在真空条件下的含浸性能，比较了浓缩式真空含浸、真空含浸和常压含浸的加工时间、维生素C的保存率、感官品质等；之后研究了浓缩式真空含浸的影响因素，并优化了加工工艺；最后研究了固体枣茶和保健蜜枣的加工工艺及配方，通过配方的最终优化，开发了一种新的固体枣茶和保健蜜枣。他们通过试验发现，7种鲜枣浸渍速度的快慢依次为大荔水枣、中宁小枣、灵武长枣、灵武圆枣、黄河滩枣、同心圆枣、泾阳梨枣。以蜜枣为浸渍终产品，浓缩式真空浸渍时间最短，只需要2~3h，且褐变度小，营养物质损失少。鲜枣经过预处理后，品质会有所改变，熏硫处理后感官品质变化较大，维生素C损失也较严重，其次为速冻处理，而鲜枣经过真空低温干燥后的感官品质相对较好，最大限度的保留了维生素 C 的含量和枣果原有的色泽。3 种处理方法都使渗糖速率有所提高。通过对浓缩式真空含浸过程中加工条件各因素的研究整枣最优条件为：含浸液和红枣的质量比为 8，起始糖液浓度为 30%，抽真空 10min，真空度为 0.09MPa，温度为 55℃，真空含浸 3h，增重率为 175.34%；枣片最优条件为：含浸液和红枣的质量比为 6，起始糖液浓度为 40%，抽真空 10min，真空度为 0.09MPa，温度为 55℃，真空含浸 40min，增重率为 164.62%。固体枣茶含浸液的最佳配方为：蔗糖浓度为 40%，山楂浓度为 7%，柠檬浓度为 4%，$CaCl_2$ 浓度为 4mg/mL。最佳含浸工艺条件为：真空度为 0.0907MPa，温度为 55.7℃，真空含浸 42.6min。通过对终产品固体枣茶品质分析比较得出，经营养丰富的含浸液含浸后制得的固体枣茶要比直接加工的脆枣片色泽鲜亮，形状平整，口感更酥脆，营养成分高，其中维生素 C 和黄酮含量增加较多，这赋予固体枣茶一定的保健作用，提高了其食用价值。保健蜜枣含浸液的最佳配方为：蔗糖浓度为 30%，山楂浓度为 6%，枸杞浓度为 2%，蜂蜜浓度为 10%。最佳含浸工艺条件为：真空度为 0.0904MPa，温度为 56.9℃，真空含浸 3.17h。通过对保健蜜枣的品质分析比较得出，含浸液中营养及保健成分的添加，使得加工的蜜枣比普通含浸液制得的蜜枣的色泽鲜亮美观，香味宜人，口味酸甜可口，而且营养及有效成分高，其中维生素 C 和黄酮含量增加较多含有一定的枸杞多糖，提高了蜜枣的营养价值和保健作用。

第四节　枣汁及饮料加工工艺

红枣汁饮料含有丰富的维生素 A、维生素 C、维生素 B_2 等多种维生素。红枣复合饮料较其单一饮料营养更全面合理。红枣饮料色泽鲜美，风味独特，爽甜可口，且加工工艺简单，是值得推广的保健饮料。红枣的发酵食品主要有枣醋、枣酒、茶叶大枣发酵茶和大枣糯米发酵饮料、红枣乳酸菌饮料、红枣红茶发酵饮料等。枣醋是以红枣或红枣汁为主要原料，在传统酿造工艺的基础上经再次微生物发酵酿制而成的醋，能促进血液的流通和减少血管壁的沉积物，对预防心脏病“中风”有特效，并具有防癌作用，所以枣醋有“血管清道夫”“肠胃清道夫”之美誉。枣酒以枣为原料，经枣“发酵”烧酒而成的高酒精度的酒，其风味独特、酒性温和、枣香浓郁、酒香怡人、醇柔甜润。红枣保健茶饮料是红枣汁和茶叶浸提液科学配制的一种新型保健饮料，具有提神醒脑、强心利尿、生汗很好的口感和营养保健功能价值。

红枣汁有澄清红枣汁和混浊红枣汁两种。前者经浸提过滤后，需进行澄清处理，除去了悬浮物和胶粒，使果汁变得澄清透明。后者经浸提过滤后，不澄清而进行均质，固形物含量较多，增加了果汁的风味和营养，并改善了果汁的色泽。

（一）红枣汁加工技术

1. 工艺流程

红枣（干）→挑选、洗涤→热处理→破碎→浸提→过滤→澄清→装瓶→杀菌→冷却

2. 操作要点

（1）原料选择。选用成熟度高、颜色紫红、色泽美观、果肉紧密、枣香浓郁、丰满完整的红枣，剔除成熟度低、霉烂、虫蛀的枣，去除原料中杂物。

（2）清洗。用清水浸泡并反复冲洗，在洗果槽内用流动清水或空压机搅拌清洗 2~3 次，尽可能冲净表面的脏物。

（3）沥干。将洗过的枣捞出，放入带孔箩筛中控干水分。

（4）烘烤。把枣铺放在烘烤盘中，然后将烘烤盘置于烘房或远红外线烘箱中烘烤。初温 60℃左右，烘烤 1h 左右至枣发出

焦香、枣肉紧缩、枣皮微绽即可，取出晾凉。枣经烘烤后取汁比鲜枣汁香味更浓郁。也可将选好的红枣在 90℃ 的烘房中烘烤 1h，直到红枣发出焦香味，取出晾干。

（5）浸泡和提取。浸泡，用清水浸泡已经烘烤过的枣，用水量以浸没枣为宜，浸泡至枣肉微胀为止。提取，将浸泡过的枣放在夹层锅或容器中保温浸泡 24h，水温为 60℃。浸泡时要经常搅动，但要避免将枣弄碎，浸出液固形物含量达 10%时，静置浸出液，移取上清液。

（6）过滤。用纱布过滤浸出液的上清液，即可获得澄清、透明、鲜红的枣汁。

（7）配料。配浓度为 75%的糖液，用糖量为枣汗重的 13%。添加中枣汁重的 0.1%的柠檬酸。将枣汁和糖液按 17∶3 的比例混合在一起，添加柠檬酸溶液，搅拌、混合均匀。

（8）脱气。可以使用真空脱气机，也可以用单效真空蒸发罐来进行。脱气时间为 5min 左右。注意，脱气前枣汁温度以 50~70℃ 为好。脱气后，枣汁一般有 1%~2%的水分和少量挥发性成分损失。

（9）预热。将脱气后的枣汁迅速升温至 58℃ 以上，此时加入占汁重 0.01%的枣香精。

（10）装瓶、密封。趁热将枣汁装入已经消过毒的瓶中，立即密封。

（11）杀菌。在沸水中杀菌 15min 左右。

（12）冷却。分段冷却，以防玻璃瓶爆碎。

（二）浓缩枣汁生产工艺

1. 工艺流程

原辅料验收→果槽→一级输送清洗→二级输送清洗→一级提升→拣选→烂果输送→浮洗→二级提升→消毒→滚杠喷淋清洗→三级提升→破碎→果浆加热→果浆暂存→压榨→一级过滤→果渣

排放→生汁暂存→前巴氏杀菌→酶解→澄清→二级过滤→超滤→提糖→固形物排放→吸附→四级过滤→蒸发浓缩→浓汁暂存→降温→冷藏→第二次巴氏杀菌→五级过滤→无菌灌装→贴标、铅封→贮存→出厂前检查→发运

2. 操作要点

（1）原辅料验收。采红枣样由化验室进行检验农药残留，采供部根据供货数量以及化验室检验结果评定合格供应商。合格供应商应具备“农药残留普查合格证明”。原料果进厂时，司磅员检查每车原料果的“农药残留普查合格证明”，对无此证明的红枣拒收，并做记录。对红枣进行检验、将检验合格的红枣收入果槽，不合格的红枣实行出厂分拣至合格再行收购或拒收。无菌袋、液袋或罐箱及酶制剂等辅料进厂后，采供二部及时委托技术质检部进行检验，检验合格后允许入库。包装材料常温贮存，使用时依照先进先出的原则；酶制剂存放在0~5℃的冷藏库中，使用时依照先进先出的原则。清洗材料、消毒剂等辅料进厂后，采供二部及时委托质检部进行检验，检验合格后入库，分类存放并做明确的标识。

（2）果槽。将验收合格的红枣按果槽号（1~5号）逐次轻卸入果槽，要求红枣中无绳头、包装物等杂物，并做好各果槽红枣贮量记录。车间生产时，按照果槽进货的先后顺序，遵循先进先出的原则正确使用果槽中的红枣。果槽及周边环境卫生由装卸工负责，每天必须冲洗，并保持全天干净卫生，当班红枣质检负责落实。

（3）一级输送清洗。一级坑工位拣选工根据红枣进入果槽的顺序，用一级坑循环水将红枣从果槽输送至一级坑处，在这个流通过程中使红枣得到充分的浸泡、清洗，同时比重大的一些物质（泥沙、石块、金属等）沉入沉降坑中，经过隔栅，将水和红枣分离，红枣进入二级输送果道，水流入一级循环池，由泵继

续打入果槽循环输送红枣。在一级坑隔栅处用自来水/软水对红枣进行喷淋清洗。一级坑的循环水每天开机时使用自来水，生产过程中二级坑多余的循环水不断地补给充进入一级坑，一级坑多余的循环水直接排放，保持一级坑循环水的干净卫生。

（4）二级输送清洗。用二级坑循环水将红枣从二级输送果道始端输送至二级坑处，在这个流通过程中使红枣得到充分的浸泡、清洗，经过隔栅，将水和红枣分离，红枣进入一级提升工序，水流入二级坑循环池，由泵继续打入二级输送果道始端循环输送红枣。二级坑的循环水每天开机时使用自来水，生产过程中，根据二级循环水池的水位，将处理过的软化水不断地补给二级循环水池，二级循环水池多余的循环水进入一级坑，保持二级坑循环水的干净卫生。

（5）一级提升。用一级螺旋提升机将红枣提升至拣选台。通过调节提升机变速箱调节原料进料量，以保证生产需要。

（6）拣选。在拣选台上随着红枣的滚动将霉烂果变质果、杂质拣选挑出，此工序保证拣选之后烂果率控制在2%以下，选果台上的红枣成单层摆放，每个选果台保证每平方米1人以上选果人员。拣选班长每2h监测烂果率1次，并做记录。拣选后的原料果进入三级输送清洗工序。

（7）烂果输送。将拣选台拣出的烂红枣等杂质用螺旋提升机输送出车间，作为非食品用。

（8）浮洗。在这个流通过程中使红枣在浮洗机中随水流动翻转，得以充分的浸泡、清洗后，红枣进入消毒池。

（9）二级提升。在浮洗机末端，用提升机将原料果输送到滚杠输送机，清洗水用泵打回浮洗机继续循环，同时将清洗水与原料果分离。

（10）消毒。在消毒池中，使用消毒剂（一般是二氧化氯）主要杀死红枣表面的耐酸耐热菌和一些微生物。

（11）滚杠喷淋清洗。原料果在滚杠输送机上用高压喷淋水冲洗。

（12）三级提升。用三级提升机将红枣提升至破碎机。

（13）破碎。将清洗干净的红枣用布赫破碎机破碎为4～6mm（依红枣成熟度调整破碎粒度，前期果硬度大，破碎粒度小，储存果糖化，破碎粒度大）的果浆，要求分前、中、后三期更换破碎机筛网，分别用小、中、大筛网。根据红枣的成熟度决定是否添加果浆酶及其加量或执行临时工艺通知单。果浆用泵通过不锈钢管道输送进入果浆加热器。

（14）果浆加热。果浆经过果浆加热器，使果浆的温度升温到20～35℃，以利于果浆酶分解和压榨，提高出汁率。果浆加热器的使用根据果浆的温度而定。

（15）果浆暂存。果浆在加热、加酶后用泵经管道打入果浆罐中，保留一定时间使果浆充分酶化，提高出汁率。果浆罐为2个，一个罐中果浆进行酶解，另一个保证正常生产，酶化时间必须大于30min。

（16）压榨。使用布赫HP5005i榨机对破碎后的果浆进行压榨，压榨后果汁进入一级过滤工序，果渣在本机内进行加水萃取并进行二级压榨。

（17）一级过滤。将压榨出的果汁通过旋转过滤筛除去较大颗粒的非水溶性果肉、果渣，透过的果汁进入第1次巴氏灭菌工序，每天清洗时肉眼目视检查一次一级过滤筛网的完整性，并做记录。

（18）果渣排放。二级压榨后的果渣由螺旋输送器送出车间，连续排放，运出工厂作为非食品用途（饲料等）。

（19）生汁暂存。经过一级过滤的生汁用泵输送至生汁暂存罐（2个生汁罐，一个保证正常生产，一个清洗备用）。

（20）前巴氏杀菌。果汁在（98±2)℃（或根据临时工艺通知单执行）的巴氏灭菌装置中维持30s杀灭细菌（但不能杀死芽孢）、使红枣中固有的酶失活，使红枣中含有的淀粉糊化，前巴氏杀菌后的果汁经管道进入冷却板片迅速降温至50~53℃后由管道送至酶解澄清罐。

（21）酶解澄清。果汁在果胶酶和淀粉酶的作用下，使果汁中的果胶和淀粉分解成可溶性的小分子物质（防止果汁出现沉淀和浑浊）。酶的浓度、酶化温度和时间因红枣品质不同而不同，一般情况下，酶化温度和时间分别为50~53℃和90min，酶解后的果汁用泵通过二级过滤装置输送至超滤循环罐。

（22）二级过滤。二级过滤装置是安装在酶解罐至超滤循环罐之间管道上，孔径为1.5mm左右的过滤器，除去可能的果肉大颗粒或其他杂质，每天清洗超滤时肉眼目视检查、清洗一次该过滤器的完整性，并做记录。

（23）超滤。超滤膜的孔径为0.02mm，经过超滤除去果汁中水不溶性物质和分子大于0.02mm的物质（包括微生物）以及可能存在的金属碎屑等杂质。超滤后的果汁用泵经管道输送至清汁暂存罐。

（24）提糖。当超滤循环液中固形物含量达到30%后，应向超滤循环液中加入软水，将循环液中的糖分浸提至<5BX以下。浸提出的果汁用泵经管道输送至树脂吸附工序，截留的固形物直接排放。

（25）固形物排放。超滤提糖结束后，按下自动排渣键，截留的固形物从循环系统中排放。

（26）吸附。通过树脂吸附除去果汁中的单宁、酚类物质后，将果汁用泵输送至四级过滤工序。

（27）四级过滤。经过树脂吸附后的果汁使用50μm的金属过滤器除去可能的树脂颗粒或其他杂质，透过的果汁用泵经管道输送至蒸发浓缩工序。每周大清洗时，打开过滤器肉眼目视检查

1 次四级过滤器的完整性，并做记录。

（28）蒸发浓缩。采用 10TGEA 四效六段降膜蒸发装置，将果汁中的水分进行蒸发分离，冷凝水（即软水）作为红枣清洗用水或二榨萃取用水、超滤提糖用水，使果汁浓缩，糖度由 9~18BX 浓缩至（70. 3±0. 2）BRIX。

（29）浓汁暂存。经过降温的产品用泵输送至批次罐中暂存，当液位达到搅拌器时开始搅拌，果汁边进边搅拌，罐满后搅拌均匀，将搅拌均匀的果汁作为一个批次，用泵经管道输送至纸板过滤系统。当果汁需要储藏时进入降温工序。

（30）降温。当浓缩汁需要储藏时，将以上降温至 25℃左右的果汁通过热交换器再次降温至 5~10℃后，用泵经管道输送至贮存罐中。

（31）冷藏。将进入贮存罐中的产品，在 5℃以下的冷库中冷藏。需要灌装时将果汁用泵经管道输送至批次罐。

（32）第 2 次巴氏杀菌。将进入第 2 次巴氏灭菌装置中的果汁，在（96±2）℃（或执行临时工艺通知单的要求）的温度下，维持 6s 以上（通过控制泵速，泵速控制在≤ 1 500r/h）以杀灭细菌、大肠菌群、致病菌。在此步骤致病菌的消减可达到 5~10g（但不能杀死芽孢），灭菌后的果汁由管道送入冷却装置迅速降至 20℃以下，由管道送至五级过滤工序。

（33）五级过滤。五级过滤是一个安装在管道上的 300 目的金属管道过滤器，以截留可能的杂质，透过的果汁经管道进入无菌灌装工序。每次清洗时肉眼目视检查一次该过滤器的完整性，并做记录。

（34）无菌灌装。该工序采用 FBR 无菌灌装机，浓缩果汁经管道输送至无菌灌装机，利用灌装机灌装头腔室温度≥95℃的灭菌条件将果汁灌入无菌袋中（外围为保护袋和钢桶），灌装重量通过质量流量计来控制。

（35）贴标、铅封。每桶灌装满后，用蘸有75%酒精的干净毛巾擦干净无菌袋表面的水珠，操作工检查合格后，折叠好无菌袋和保护袋，盖上桶盖，对包装进行铅封。在钢桶外壁的标识框内贴上标签。

（36）贮存。包装好的产品贮存在≤5℃干净卫生的库房，并在产品堆放点有明确的标识牌。

（37）出厂前检查。目视检查包装物是否干净卫生，铁桶桶体、桶盖应平整，无掉漆、无破损、无锈迹、无碰痕、无污物；包装有破损、果汁渗漏，桶圈、铅封不齐全，标签字迹不清晰、位置不端正等不合格情况。

（38）发运。将检查合格，铅封、标签完好的产品包装装车，运输出厂。

（三）姜味金丝枣汁饮料加工

1. 工艺流程

干枣→称量→清洗→沥干→去核→预煮→打浆→浸提→过滤→金丝小枣提取液→冷藏生姜→清洗→沥干→切片→热烫→捣碎打浆→过滤→姜汁→冷藏

2. 操作要点

（1）金丝小枣汁的制备。

①选料：选择色泽均匀一致、饱满完整、无霉烂和虫蛀的金丝小枣干果。

②清洗：用流动水反复搓洗，除去附着在枣表面的泥沙等杂质。

③预煮：将去核的枣按料水比为1：5的比例放入锅中，预煮15min后捞出，稍稍冷却。

④打浆及浸提：将经过预煮的枣及枣汁在组织捣碎机中破碎成浆状，取得浆液。放入恒温水浴锅中保温浸提。在浸提过程中，烧杯用保鲜膜覆盖，以防水分流失。

⑤过滤：利用低速台式大容量离心机（在4 000r，15min的条件下）离心过滤，得到的上清液用多层纱布过滤，以除去未完全捣碎的浮在上清液表面的碎果肉。如果单用纱布过滤，出汁率低。

（2）姜汁的制备。

①选料：选择符合原料质量要求的新鲜生姜，剔除霉烂、虫蛀、发芽等不合格品。

②清洗：用刷子刷去生姜原料表面泥沙，并用流动水清洗干净。

③切片：将清洗后的生姜切成2~5mm的薄片。

④热烫：在姜中加入5倍的水，而后在沸水中热烫2min，目的在于灭霉和糊化淀粉，防止姜汁发生褐变和沉淀现象。

⑤冷却：热烫后的生姜片立即用流动水冷却至室温。

⑥捣碎打浆：用组织捣碎机把姜片捣烂并打浆。

⑦离心过滤：打浆后的浆体通过多层纱布过滤，取得姜汁。

（3）姜汁枣汁混合调配。将金丝小枣汁、姜汁按比例混合，加入白砂糖、柠檬酸调味、加入复合稳定剂。

（4）杀菌。将样品置于高压灭菌锅中，115℃杀菌15min。

（5）冷藏。混合调配后，放入0~4℃冰箱中贮存。

（四）和田玉枣花生固体蛋白饮料加工

红枣具有降低血清中的胆固醇、增加血清总蛋白及白蛋白保护肝脏、抗变态反应、增强肌力、抑制癌细胞增殖、补中益气、养血安神之功效。花生在我国资源丰富，营养成分含量全面合理，花生的蛋白质含量为26%以上，可消化率达到89%，含有人体必需的8种氨基酸。花生中的脂肪含量50%以上，脂肪大多为不饱和脂肪酸，特别是人体必需的亚油酸含量丰富，又不含胆固醇，能够软化血管、防止动脉粥样硬化等心血管疾病。花生中富含维生素B_1、维生素B_2、维生素B_6等多种维生素和钾、钙、磷等矿物质，能促进机体的新陈代谢。花生营养非常丰富，被誉为“长生果”“绿色牛奶”。

张文杰用和田玉枣和东北小花生米为主要原料，将风味清新的红枣汁和营养丰富的花生浆进行风味和营养的互补，开发一种具有良好风味、营养丰富的新型复合固体蛋白饮料。他们的研究发现，和田玉枣的基本营养成分为水分 27.50%，总糖 68.80%，总酸 0.45%，维生素 C 8.10mg/100g。和田玉枣果胶酶酶解工艺参数为酶用量 0.25%，酶解时间 1.5h，酶解温度 50℃，酶解 pH 值 3.5。料液比 1∶6，和田玉枣提取率为 53.52%。花生浸泡工艺为：用浓度 0.3%的碳酸氢钠在室温下浸泡 6h。花生磨浆工艺为：磨浆料液比（花生∶水）1∶10，磨浆温度 60℃。花生浆酶解工艺为：protamex™酶用量 0.03%，酶解温度 55℃，酶解时间 1.5h。花生浆蛋白提取率 75.10%。花生浆均质工艺为：均质压力 30MPa，均质次数 4 次。花生浆的蛋白质提取率为 75.10%。和田玉枣、花生复合汁配比为 1∶4，复合乳化剂（HLB = 8）（山梨醇酐单硬脂酸酯与蔗糖酯 10∶11）为 0.15%，稳定剂（PGA）为 0.3%，蔗糖为 8%。和田玉枣、花生复合汁最佳均质工艺：均质次数 3 次，均质压力 35MPa，均质温度 50℃。和田玉枣、花生复合汁喷雾干燥工艺为：进风温度 190℃，出风温度 85℃，复合汁可溶性固形物含量 15%，进料量 20.0mL/min。和田玉枣花生固体蛋白饮料呈乳白色、均匀一致的粉末状固体。蛋白质含量为 29.81%，含水量为 2.81%。和田玉枣花生固体蛋白饮料溶解后，进行感官鉴评，呈乳白色略具枣红色的乳状液，均匀稳定，无杂质。具有红枣和花生的滋味，酸甜适口。感官鉴评 94 分。

（五）红枣葛根凝固型酸奶加工

酸奶是由乳酸菌或其他益生菌通过发酵牛奶得到的一种饮品，其具有多种生理功能和保健效用。红枣和葛根是我国特有的药食两用的食材，红枣具有益气补血、增强免疫力的作用，葛根中含有的葛根黄酮具有抗氧化抗衰老的作用。高青将这两种食材应用于凝固型酸奶中，制成复合凝固型酸奶，产品营养丰富，易于吸收。当前我国酸奶市场竞争激烈，但仍以搅拌型酸奶为主，其他类型如凝固型酸奶、冰冻酸奶较少。此研究针对市场中日渐流行的凝固型酸奶，采用红枣葛根复合基料发酵，满足乳品厂商和消费者对酸奶新产品的需求。

1. 红枣浆加工

红枣→洗涤→浸泡（60℃ 3h）→去核→配比→煮制→打浆→红枣浆

2. 葛根汁制作

葛根粉→预糊化→调配→酶解→过滤→灭酶→葛根汁

采用红枣和葛根作为复合添加物，研究了其加工工艺，同时针对酸奶配方中的加糖量、稳定剂添加量等进行了相关研究。结果如下，红枣浆加工工艺中煮制条件的分析，得出最佳煮制条件为煮制温度 70℃，时间 20min，料液比 1：3。此条件下红枣浆中可溶性固形物含量 13.3%，总酸含量 18.71%，还原糖含量 9.26%。葛根酶解过程中 α-淀粉酶和 β-淀粉酶添加量为 α-淀粉酶添加量 0.08%，β-淀粉酶添加量 0.08%，此条件下酶解液中 DE 值达 25.77，黄酮含量 0.0438mg/mL。酸奶中红枣浆、葛根汁与复原乳最佳配比为红枣浆：葛根酶解液：复原乳=1：1：8；蔗糖添加量的研究以感官评价和乳酸菌数为目标，得到最佳蔗糖添加量 6%；稳定剂添加量的研究采用 TPA 质构分析，得到最佳稳定剂添加量为变性淀粉：复合稳定剂=2：3，添加量 0.4%。通过对发酵过程中滴定酸度和乳清析出量进行测定，并对工艺进行优化分析，得到最佳发酵工艺条件为：发酵温度 42℃，发酵时间 6h，接种量 0.13%。同时确定了本产品的感官指标、理化指标和微生物指标。

此外，冀晓龙等以梨枣为试材，通过酶解提汁工艺研制鲜枣汁，并采用超高压杀菌、微波杀菌等非热杀菌技术对鲜枣汁进行杀菌处理，研究了不同杀菌方式对鲜枣汁中功能性营养成分的影响及鲜枣汁在贮藏过程中理化性质变化，为鲜枣加工开辟新途径，提高鲜枣综合利用程度，促进红枣传统加工技术变革。试验得出，鲜枣酶解提汁加酶量为果浆酶 80mL/t，淀粉酶 100mL/t，果胶酶 120mL/t，酶解温度 55℃，酶解时间 60min。在酶解条件下研制的鲜枣汁，可溶性固形物 21.0%，可滴定酸 0.65%，透光率 98.5%，T_{625}99.2%，富马酸 3.2mg/L，羟甲基糠醛 16mg/L；果胶试验、淀粉试验均为阴性，稳定性好。鲜枣汁可保持鲜枣营养成分，利于人体吸收；是一种纯天然、营养丰富、风味特色的绿色饮品；具有广阔的开发价值和市场前景，拓展鲜枣开发利用新途径。超高压杀菌、微波杀菌、巴氏杀菌对鲜枣汁杀菌效果存在显著性影响($P<0.05$)；利用超高压技术对鲜枣汁进行杀菌处理杀菌效果显著且保持鲜枣汁原有特色风味。超高压处理可使鲜枣汁中透光率升高、可滴定酸含量降低、非酶褐变程度降低；超高压杀菌、微波杀菌、巴氏杀菌对鲜枣汁中维生素 C 含量、透光率、可滴定酸、非酶褐变有显著性影响；鲜枣汁中总糖、还原糖、可溶性固形物经超高压杀菌、微波杀菌、巴氏杀菌处理后变化不显著。对鲜枣汁进行色差研究发现超高压杀菌可保持鲜枣汁原有色泽。不同杀菌方式对鲜枣汁酚类物质和抗氧化活性有显著性影响（$P<0.05$），超高压技术在较低温度下或者室温情况下杀菌可保留鲜枣汁中抗氧化物质、酚酸类物质。巴氏杀菌可降解鲜枣汁中维生素 C、总酚和总黄酮等功能性成分。超高压杀菌处理后鲜枣汁中总酚和总黄酮的保留率依次为 86.08%、99.67%。鲜枣汁中原花青素含量在 49.48～85.84mg GSPEeq/(100g · FW)，不同杀菌方式处理的鲜枣汁在抗氧化能力中有不同差异，总还原力抗氧化能力系数与杀菌方式之间有显著性差

异。鲜枣汁中检出酚类物质主要有儿茶素、表儿茶素、芦丁、没食子酸、儿茶酸、阿魏酸、丁香酸，鲜枣汁维生素 C 与其抗氧化能力系数有极显著关系，*R* 值可达 0.994；鲜枣汁阿魏酸与其 ABTS · 清除能力有极显著关系，*R* 值可达 0.993。杀菌方式对鲜枣汁中可溶性糖和有机酸含量影响显著，鲜枣汁中苹果酸受不同杀菌方式影响差异性显著。鲜枣汁总可溶性糖含量为 5.187～7.610g/（100g · FW）和总有机酸含量为 750.55～1 053.41mg/（100g · FW）。超高压技术能保持鲜枣汁中抗氧化功能活性成分，适用于鲜枣汁生产加工要求。运用超高压技术对鲜枣汁进行杀菌处理并进行低温贮藏可保持鲜枣汁特有品质。鲜枣汁经不同杀菌处理后在贮藏过程中，褐变度、可滴定酸和色差值逐步升高，透光率变化不明显，维生素 C 含量、总糖和 pH 值呈下降趋势。非热杀菌技术在低温贮藏过程中可保留鲜枣汁中维生素 C 含量并抑制鲜枣汁褐变。非热杀菌技术应用于枣汁生产并在低温贮藏下可保持枣汁风味、色泽和营养成分。

张雅利发现红枣取汁采用中低温浸提方式。分别对红枣进行了浸提前热处理、水浸提、酶解浸提，测定所得汁液中芦丁、总糖、可溶性固形物、消光值，结果发现，热处理后水浸提，芦丁、总糖、可溶性固形物含量随热处理温度上升、时间延长而下降，消光值上升，即色泽加深。对营养成分影响不大，而又能使色泽有较大提高的热处理条件是：60℃热处理 1h，再将温度上升到 70℃热处理 1h。水浸提，芦丁、总糖、可溶性固形物含量最大的浸提条件是：加 10 倍水、60℃，12h。酶解浸提，芦丁、总糖、可溶性固形物含量、色泽均优于水浸提，但色泽劣于热处理后水浸提，酶浸提最佳条件是：加 0.07%果胶酶、45℃下保温浸提 6h，所以浸提最佳条件为：60℃热处理 1h，再将温度上升到 70℃热处理 1h，加 0.07%果胶酶、45℃下保温浸提 6h。不同澄清方式处理红枣汁引起的透光率变化，可对红枣浸提汁进行

14 种澄清处理，测其透光率。寻找能使红枣汁透光率达 90%以上的澄清方法。结果发现，能使透光率达 90%以上的方法有自然澄清法、离心澄清法、冷冻澄清法、保温澄清法、PVPP 澄清法、果胶酶澄清法、PVPP-明胶澄清法、果胶酶-单宁-明胶澄清法、PVPP-单宁澄清法共 9 种。不同澄清方式处理红枣汁引起营养成分含量变化。用筛选出的 9 种方式对红枣浸提汁进行澄清处理，在其透光率达 90%以上后，测定红枣汁中芦丁、总糖、可溶性固形物、总酸、单宁的含量和消光值。不同澄清方式对红枣汁中营养成分影响的结论如下：能使红枣汁中营养成分有较大保存的澄清方式有，45℃，4h 保温橙清、0. 05%果胶酶澄清、0. 07%PVPP 澄清、0. 07%PVPP-0. 003%单宁澄清。

红枣汁对小鼠身体机能的增强作用。通过对饮红枣汁组和对照组体重、食物功效、胸腺、脾脏指数的比较结果表明，红枣汁能显著增加小鼠体重、增大食物功效和胸腺、脾脏指数。这说明红枣汁有增强小鼠身体机能的作用。红枣汁对小鼠的补血作用。对乙酞苯脱造成的小鼠血虚模型给枣汁，通过与正常对照组、血虚组的比较发现，红枣汁能显著增加血虚小鼠的体重、红细胞数和血红蛋白含量，证明红枣汁有补血作用。红枣汁对小鼠脂类代谢有影响。对高脂饲料所造成的小鼠高血脂模型给枣汁，通过与正常对照组、模型对照组的比较发现红枣汁能显著降低高血脂，小鼠的血清胆固醇、血，甘油三酯、低密度脂蛋白、动脉硬化指数，增高高密度脂蛋白，证明红枣汁对动脉粥养硬化症有抑制作用。

红枣汁及红枣饮料是深受消费者欢迎的产品，但红枣汁在加工贮藏过程中容易产生混浊和二次沉淀。艾海提在红枣汁的浸提、澄清和浓缩工艺以及贮藏过程中的稳定性等方面，对红枣采用酶法浸提工艺，研究了加水倍数、果胶酶添加量、酶解温度、酶解时间对红枣汁提取效果的影响，在单因素实验的基础上进行正交优化实验，结果发现在果胶酶用量为0.4%（w/w）、浸提温度为50℃、浸提时间为3h、加水倍数为7倍（w/w）的条件下，提取率达到75.76%。采用硅藻土法、膨润土法和壳聚糖法对红枣汁进行澄清处理，以透光率、贮藏稳定性、色泽、总糖含量、总酚含量、蛋白质含量、果胶含量和可溶性固形物等为指标，对经优化的3种澄清方法的澄清效果进行了比较研究，结果表明，膨润土用量为0.8mL/20mL，55℃下保温20min；硅藻土用量为0.8mL/20mL，40℃下保温30min；壳聚糖用量为1.0mL/20mL，25℃下保温60min都可以使红枣汁具有较好的澄清度；其中壳聚糖去除蛋白质和果胶的能力最强，使用壳聚糖澄清的红枣汁透光率最高、贮藏稳定性最好、色泽最亮，总糖和可溶性固形物含量基本不变。经过壳聚糖处理后，红枣汁中环磷酸腺苷、黄酮、维生素C等主要活性成分含量有所减少，清除1，1-二苯基-2-三硝基苯肼（DPPH·）自由基、超氧阴离子自由基（O_2·）和氢氧自由基（·OH）的能力不同程度下降。在红枣浓缩汁的加工工艺和贮藏稳定性和不同浓缩温度和浓缩倍数对红枣浓缩汁和复原汁品质的影响时，发现在真空度为0.09MPa，60℃下浓缩至70°Brix对红枣浓缩汁和浓缩复原汁品质的影响最小，红枣浓缩汁在贮藏期间具有良好的贮藏稳定性，不会分层和产生沉淀。浓缩复原汁的理化指标基本保持不变，具有良好的贮藏稳定性。以红枣浓缩汁为原料调配了红枣汁饮料，采用7%浓缩汁、4%白砂糖和0.09%柠檬酸可以生产出外观澄清透明、色泽红亮、酸甜适口的饮料。

第五节　枣醋、枣酒加工工艺

食用醋既是一种古老的调味品，也是良好的保健品。食醋具有多种保健功能，如消除疲劳、帮助消化、利于吸收、预防衰老；提高肠胃的杀菌能力，增强肝脏机能，软化血管；预防肥胖、美容护肤等。由于食用醋具有多种保健功能，因而在保健食品领域的应用越来越受到科技工作者的重视。以水果为原料制成果醋，果实中的大部分营养成分导入果汁中，果汁再通过微生物发酵产生葡萄糖酸“健康因子”，其对肠道内双歧杆菌的生存增殖效果显著。果醋的营养成分丰富，内含多种有机酸、人体必需的多种氨基酸，人类活动能源所需的各种碳水化合物、维生素、无机盐、微量元素等。果醋能有效地维持人体的酸碱平衡、清除体内垃圾、调节机体代谢，具有提高人体的免疫功能、延缓衰老、消除机体疲劳，以及开胃消食、解酒、防腐杀菌等功效。红枣醋酸发酵饮料既具有红枣的营养保健作用，又具有食醋的多种保健功能。经常饮用，可助消化、增食。果酒是一类低酒度、高营养、益脑健身、卫生、并具保健功效的饮料酒。它可调整新陈代谢，促进血液循环，控制体内胆固醇水平；具有利尿、激发肝功能和抗衰老的功效。果酒中富含醇类、酯类、多种氨基酸、维生素和矿物质，并且含有其他酒类所没有的单宁、酒石酸、苹果酸等有机酸。此外还有黄酮、类黄酮、白藜芦醇等多种具有抗氧化作用的化学成分。

果实酿醋广泛采用的发酵技术为分批发酵，方法有固态法、液态法及固液结合法，液态发酵法又分为深层发酵、酶法液体回流及固定化连续分批发酵等。液态法发酵具有易操作管理、规模化标准化生产，又有利于提高原料利用率、产酸速率和酒精转酸率，液态法生产是最有效和先进的工艺技术方法。国外果醋生产多采用液体深层分批、连续发酵、循环液体发酵及菌体固定化发酵，以缩短发酵时间，提高酒精转酸率。近年来，国内已有不少利用枣果为原料，采用固液态发酵方法加工果醋的研究。张宝善利用残次红枣为原料，采用液态深层发酵工艺，研究了红枣果醋生产的主要工艺及其参数。马新存等利用枣制品下脚料枣液和枸杞通过酶解、酵母发酵、醋酸发酵等工艺研制了枸杞枣保健醋。生产的果醋枣香浓郁，营养丰富。张文叶等以新郑大枣为原料，用大枣白兰地调整枣汁酒精度，直接进行醋酸发酵制得大枣香醋。制品风味醇正，并带有浓郁的枣香味，是一种营养价值很高的保健型香醋。李湘利等以河北沧州金丝小枣为原料，采用液态发酵工艺，通过单因素和正交实验的方法研究了金丝枣醋在酒精发酵和醋酸发酵过程中的影响因素。赵祥忠等以野生酸枣为原料，经过酒精发酵和醋酸发酵两个工艺过程，制得了酸枣果醋。通过在酸枣醋中添加0.2%的果胶酶进行酶解处理，解决了酸枣中含有大量果胶而不利于发酵的问题。制得的果醋风味醇正，并带有浓郁的枣香味，是一种价值较高的营养保健型果醋。

发酵枣饮料是制作枣饮料的一种新型方法，是在枣汁混合液中加入某种微生物，使枣汁混合液中的某些大分子物质降解成小分子或者使微生物生长分泌某些有益于身体健康的酶类成分，使人体更容易和高效的吸收枣果中的营养物质和微生物产生的酶物质。目前枣发酵饮料包括枣醋、枣酒、枣乳酸发酵饮料等。以红枣汁为原料，加入醋酸菌，在一定条件下发酵红枣汁，然后经过一定的调配，使枣醋具备枣的丰富营养和醋酸的良好风味；以金丝小枣汁和牛奶为原料，加入一定活性的乳酸菌，在一定条件下，经发酵制得乳酸红枣汁，制备出不仅具有枣香味还具有酸奶的柔和酸味的乳酸发酵枣汁，使得其中的营养成分更容易被人体吸收利用；以枣汁为原料，加入酵母菌，经过酵母菌发酵一定浓度的枣汁，制备出具有酒香味的枣果酒，经检测含有多种氨基酸营养成分，风味十分独特，有治疗高血压和提高免疫力等作用，深受人们的喜爱。

（一）枣醋

1. 工艺流程

鲜枣制醋：

鲜枣→破碎→酶解→果汁调配→酒精发酵→过滤→杀菌→灌装→成品果醋

果汁制醋：

果汁→酒精发酵→过滤→杀菌→灌装→成品果醋

2. 操作要点

（1）入缸处理。将残次枣洗净去杂，放入清水中浸泡24h，然后压碎或粉碎。每10~15kg红枣，加入粉碎的大曲1kg和相当枣重3~5倍的清水，再加为枣重10%的谷糖和5%的酵母液，拌匀后装入缸中。缸口留15~20cm的空隙，上面用纸糊严，加盖、压实，进行密封发酵。

（2）醋酸发酵。入缸密封4~6d，即可完成发酵，然后揭去盖子，不保留粘纸，再放到阳光下暴晒。当温度达到34℃时，醋酸菌迅速繁殖，经10~15d即完成发酵过程。

（3）成品过滤。经连续发酵后，倒出过滤，就得到淡黄色的新醋。每100kg新醋加食盐2kg，再加入少量花椒水，贮存半年即可成为既香又酸的枣酸。此外，用黑枣、酸枣和柿子作原料，采用上述方法进行加工，也可制成枣醋或柿醋。

化志秀以清涧木枣为原料，研究了液态发酵法和半液—固态发酵法发酵枣醋的发酵工艺及在发酵过程和陈酿过程中不同发酵方法、陈酿方法对枣醋主要成分、抗氧化性及其香气成分的影响，旨在为枣醋的研究开发及生产提供理论参考。结果如下，液态发酵枣醋最佳工艺参数为：酒精发酵阶段原汁可溶性固形物含量17%，发酵温度31℃、酵母菌接种量0.82%、发酵时间为43h；醋酸发酵阶段初始酒精度为7%，醋酸菌接种量为0.04%，发酵温度为30℃，发酵时间为144h。半液—固态发酵枣醋的最佳工艺为：酒精发酵阶段可溶性固形物含量为20%，酵母发酵温度31℃，酵母菌接种量为0.75%，发酵时间60h；醋酸发酵的麸皮与枣酒醪比为4：10，醋酸菌接种量为0.05%，发酵温度为

32℃，发酵时间为10d。液态发酵枣醋在酒精发酵过程总糖、还原糖含量极显著下降（$P<0.01$）；整个过程中总酚、黄酮含量先升高后降低，维生素C含量一直呈下降趋势。初始枣汁、枣酒醪、枣醋都具有较强的抗氧化能力；原始枣汁对ABTS+·和·OH的清除率极显著（$P<0.01$）大于枣酒醪和枣醋；枣酒醪对DPPH·的清除效果极显著（$P<0.01$）大于初始枣汁和枣醋；枣醋的总还原能力极显著（$P<0.01$）大于初始枣汁和枣酒醪。半液—固态发酵枣醋中主要成分含量及其抗氧化能力都极显著高于（$P<0.01$）液态发酵枣醋。在陈酿过程中，液态发酵枣醋和半液—固态发酵枣醋中总酚、还原糖、总糖、总酸、可溶性固形物含量都不显著且变化趋势一致；维生素C含量都有所下降，但液态发酵枣醋变化比较缓慢，半液—固态枣醋在陈酿前5个月含量急剧下降，陈酿后期趋于稳定；液态发酵枣醋黄酮含量有所下降，而半液—固态发酵枣醋黄酮含量逐渐升高；液态发酵枣醋对DPPH·的清除率有所下降，而半液—固态枣醋对DPPH·的清除率趋于稳定；两种枣醋对ABTS+·的清除率都呈先上升后下降的趋势，变化达到了极显著水平（$P<0.01$）；对·OH的清除率都有所增加，而总还原能力则都是先降低后上升最后趋于稳定状态。避光陈酿、光照陈酿、低温陈酿在陈酿过程中主要成分含量及抗氧化能力的变化趋势基本一致，不同陈酿方法对枣醋主要成分含量及其抗氧化性有一定的影响。光照陈酿的枣醋总酚、黄酮、维生素C、还原糖含量低于避光陈酿和低温陈酿的枣醋，总糖含量高于避光陈酿和低温陈酿的枣醋，而3种陈酿枣醋中可溶性固形物和总酸含量差别不大；避光陈酿和低温陈酿在陈酿过程中主要成分的含量无显著差异。低温陈酿的枣醋对·OH、DPPH·的清除率及总还原能力都显著高于避光陈酿和光照陈酿，而对ABTS+·的清除率差异不显著。从初始枣汁、枣酒醪、枣醋中分别检测出56种、56种、54种香气成分，分别占总香气

成分的 94.57%、97.37%、98.86%。在发酵过程中酸类、酯类物质含量升高，醇类、醛类物质含量降低。这些香气成分的协同作用赋予了初始枣汁、枣酒醪及枣醋特有的风味。陈酿过程中液态发酵枣醋和半液—固态发酵枣醋中酸类物质含量降低而酯类和醛类物质含量增加；半液—固态发酵枣醋中烃类、酮类、呋喃类、吡嗪类物质含量较多。在陈酿过程中液态发酵枣醋和半液—固态发酵枣醋中检测出香气成分的种类显著增加。在陈酿过称中避光陈酿，低温陈酿及光照陈酿的枣醋香气物质的变化趋势一致，但低温陈酿的枣醋在陈酿过程中酯类物质和醇类含量较高，而醛类物质的含量却显著低于避光陈酿和光照陈酿，避光陈酿酸类物质高于低温陈酿和光照陈酿。不同的陈酿方法所含的香气成分的种类及含量有一定的差异，构成了枣醋的不同品质和风味。

胡丽红等以新疆哈密大枣干枣为原料进行红枣醋生产最佳工艺条件的研究。对干红枣的烘烤条件、枣汁不同制备方式、酒精发酵方式和发酵最佳工艺条件、醋酸发酵方式和发酵最佳工艺条件、红枣醋杀菌方式、枣醋饮料配方进行了研究，对产品的酒度、残糖等理化指标和微生物指标进行了测定，并进行了感官评价。同时采用高效液相色谱法和气质联用对红枣原醋氨基酸和风味物质进行了测定。结果如下，红枣汁的制备，干红枣烘烤的最佳条件 90℃，烘烤时间 60min。浸提红枣汁最佳方式采用蒸煮酶解结合法，果胶酶作用的最佳条件为果胶酶用量 0.04%、酶解时间 3h、酶解温度 45℃，制得的红枣汁还原糖含量达到 98.6g/L。红枣醋发酵最佳工艺条件：酒精发酵最佳发酵方式为果汁接种发酵，最适酵母菌为葡萄酒酵母 FH1，FH1 与乳酸菌混合菌种的最佳比例为 3：2，接种量 3%，最适发酵温度 30℃，初始枣汁可溶性固形物含量 14%，发酵时间 6d，酒精度可达 7.2%（v/v）。醋酸发酵最佳工艺条件：采用醋酸菌 A1，摇床发酵，转速 180r/min，发酵温度 34℃、发酵时间 5d、接种量 11%、装液量占容器体积的40%，最终酸度达到41.3g/L。枣醋澄清的方法：95℃下加热2min，然后冷却至常温，用3%的硅藻土抽滤，澄清而且稳定效果良好。红枣醋最佳杀菌工艺：杀菌温度95℃，时间10min。采用以上工艺酿造的红枣醋理化指标为总酸5.13g/100mL，还原糖1.20g/100mL，可溶性固形物含量6.0%，维生素C含量54.59mg/100mL。果醋酸味柔和，具有红枣浓郁的香味。红枣醋饮料的优化配方为：红枣原醋10%、红枣汁为12%、蜂蜜为0.6%、蛋白糖为1.6%，乙基麦芽酚为0.06%。红枣原醋中人体所需16种必需氨基酸中除了脯氨酸和缬氨酸含量比原料干枣有所降低，其余14种氨基酸含量均有不同程度的提高。采用GC-MS测定经过烘烤的红枣醋样中含有16种风味物质。

（二）枣酒

现在市场上主要的果酒品种有：一是单一水果酒。采用某种水果原料经发酵、压榨、澄清、过滤、陈酿而制成的饮料酒。水果果汁中含有丰富的可发酵性糖、适量的酸，以及浓郁的芳香和鲜艳的色泽，使发酵果酒具有独特的品质和风格。二是复合水果酒。采用2种或2种以上水果榨取果汁混合进行发酵酿制成的果酒。它可以充分利用不同水果的特点，相互配合，优势互补，提高营养物质种类和含量，增添果酒风味。目前，枣酒大多数是以干枣或鲜枣为原料，采取浸泡和发酵相结合工艺酿制而成的果酒。以枣果为原料，人工发酵制得的枣酒酒性温和，枣香浓郁，醇柔甜润，风味独特，保留了大枣的营养价值及药用价值，更是易于人体全面吸收的一种典型保健酒。

枣酒有极其丰富的营养成分，其中氨基酸种类齐全，常量元素有硫、磷、钠、钾、钙、镁、铁等；微量元素有锌、铜、氟、硒、钴、锰、钼等，并含有维生素A、维生素C、维生素D、维生素E、维生素B_1、维生素B_2、维生素B_5、维生素B_{12}、叶酸等。现代医学已证明，微量元素对人体健康，生长发育和防治疾病有密切关系。枣果的营养成分在发酵过程中大部分均被保持下来，能够调节人体的机能，维持人体正常的生理活动，与人体健康有着密切的关系。刘宝琦等研究了红枣果酒生产工艺，通过对红枣浸渍时间的控制使得发酵出的红枣果酒最大限度地保留了红枣的原有风味与营养成分。赵贵红等以芦笋、蜂蜜、枣汁为原料生产的保健酒，含有丰富的营养物质，而且还具有一定的保健作用。口感清香，具有果酒的风味。艾启俊等研究了干红枣为原料制作低糖蜜枣的真空渗糖技术，试图揭示干果制作果脯时的真空渗糖规律。

苑学习对安琪牌葡萄酒活性干酵母在红枣汁中的发酵条件进行了研究，采用分次加糖、降低渗透压的方法进行发酵，对提高酒质、缩短发酵周期有利。张宝善等等研究了提高红枣发酵酒质量的主要工艺和参数发现，使用浓缩汁、接种产酯多的酵母菌及延长原酿时间可弥补香气不足，提交红枣发酵酒质量。

热相结合的方法提取红枣汁更适于枣酒的发酵；并对红枣酒发酵过程中甲醇和杂醇油的变化规律及其控制技术也进行了研究。刘延琳等研究了白葡萄酒活性干酵母对不同氮源利用情况，并得出酵母粉为供试菌最优氮源。邓红梅等研究温度对酵母酿酒产酒量的影响，检验不同温度下酿酒酵母的出酒率，并得出酵母菌在28℃出酒率最高，低温下发酵品质好。武庆尉等用澄清剂对大枣酒作澄清实验比较，表明JA澄清剂效果明显优于其他澄清剂并得到最佳用量。郑佩等比较了热水浸提、果胶酶酶解浸提和微波浸提法对红枣浸提的差异及对枣汁发酵酒的影响。结果表明，90℃热水浸提，浸提液发酵酒颜色呈枣红色，杂醇油含量最高，有浓郁枣香，但苦味重；果胶酶酶解浸提，浸提液还原糖含量最高，利于发酵，但发酵酒的甲醇含量过高；微波强化浸提，浸提时间和发酵时间最短，所得枣酒的乙酸乙酯含量最高，且有特殊香味。孙曙光等等利用金丝小枣为原料，提取枣汁后，将所剩枣渣再添加定量水后，经捣碎、离心分离工艺后得到枣汁 2。利用枣汁 2 发酵制枣醋，再回添至枣汁 1 中，制得枣醋爽饮料，为枣的综合利用提出了合理的工艺。部文以红枣为原料，酒精、白糖为辅料，配入能防治心脑血管疾病的银杏叶提取物(EGB)，试制出银杏大枣保健露酒。此露酒风味独特，枣香突出，醇柔甜润，微带银杏黄酮之苦味。该产品具有开胃健脾、补阴养血、固阳正气和防止心脑血管疾病等功效，是一种酒度低、色泽好的典型保健饮料酒。

1. 工艺流程

红枣→筛选→去核→淋洗→破碎→烘烤→浸泡→打浆→液化→糖化→灭酶→过滤→澄清→红枣原汁→主发酵→后发酵→过滤→杀菌→灌装→成品

大麦芽→粉碎→糖化→过滤→煮沸→冷却→接种→主发酵

2. 操作要点

（1）红枣糖化液的制备。

①筛选：红枣的筛选，选择大小均匀、颗粒饱满、成熟度一致，无霉变，无虫蛀的优质红枣。

②烘烤：为了在啤酒中增加红枣特有的枣香气味，需要对红枣进行烘烤。红枣的主体香气需要在一定的温度下才能更好的发挥出来，因此红枣在淋洗破碎之后，放在 90~95℃ 中的烘箱中烘焙 1~2h，要求焙烤均匀、微糊而不焦，使红枣具有浓郁的枣香味。

③糖化：在红枣果浆中加入柠檬酸，调节果浆的 pH 值为 4.0~4.5，于 60~70℃温度下进行糖化，为了提高红枣原汁的质量，在红枣果浆中加入 10%的大麦芽作为糖化剂，同时加入糖化酶。红枣果浆的糖化受糖化时间、糖化温度和糖化酶的添加量影响。

④灭酶：将糖化后的红枣果浆加温超过 85℃，保持 10~15min，使糖化酶失活。

⑤过滤：把灭酶以后的红枣果浆，用 3 层纱布过滤，得到澄清的红枣原汁。

（2）麦芽汁的制备。

①粉碎：大麦芽粉碎要求皮壳破而不碎，尽可能完整，而大麦的胚乳等内容物尽可能破碎。

②糖化：大麦芽粉碎后，37℃时按 1∶35 的料水比例加入糖化锅，搅拌均匀后缓慢升温至 45℃，保温 40min，使蛋白质分解为可溶性的小分子。然后缓慢升温至 62℃，保温 30min，再缓慢升温至 68℃，保温 30min，直到用碘液检验糖化液不再显示蓝色为止。最后升温至 78℃，糖化结束。

③煮沸：在麦芽汁煮沸时添加酒花，酒花添加量 0.08%~0.13%。酒花添加方式为 3 次添加法，第 1 次添加，在煮沸后 5~15min，添加量为酒花总量的 10%；第 2 次添加，在煮沸后 30~40min，添加量为酒花总量的 50%；第 3 次添加，在煮沸后 80~85min，添加余下的 40%，最后再煮沸 20mim，煮沸结束。

④发酵：冷却后的麦汁和过滤后的红枣原汁按比例泵入发酵罐，起始发酵温度为 8℃，主发酵温度以 12℃为宜。满罐后分别在 24h 和 36h 冷凝固形物。当发酵液残糖降为 4°Bx 左右时，保压进入后发酵，罐压维持在 0.12MPa，贮酒时间不少于 15d。

3. 红枣啤酒的质量分析

（1）糖度的测定。采用阿贝折光仪直接测定；pH 值的测定：用酸度计测定。

（2）酵母数的测定。采用血球记数法。

（3）成品啤酒酒精度的测定。采用蒸馏法。

（4）总糖的测定。苯酚硫酸法。

（5）还原糖的测定。3，5-二硝基水杨酸法。

（6）微生物的测定。采用平板涂布方法。

枣酒加工新技术包括超高压处理技术。在枣酒的生产加工中，原酒需经过长时间陈酿、杀菌处理等工艺，以达到改善香气成分和口感的目的；不仅生产周期长、工艺复杂，而且影响产品的营养成分。超高压处理技术是一种冷杀菌技术，对食品的营养成分破坏少。近年来，各国学者采用超高压处理技术对热敏性枣汁的香气进行研究发现，不同水果在经过超高压处理后，香气成分的变化特性不同。张文叶等率先研究超高压处理对干红枣酒香气成分的影响。结果发现，经过超高压处理后，高级醇类含量随压力的升高而增加；有机酸类经 300MPa 以下超高压处理后含量增加；500MPa 以上超高压处理后含量减少；酯类物质经 500MPa 以下超高压处理后含量减少；700MPa 超高压处理后含量增加；醛酮类物质经过超高压处理后，含量减少。随后张文叶等又对之前研究中的高级醇做了进一步研究发现：经过 300MPa、500MPa 超高压处理，异戊醇和异丁醇含量之和较未处理样分别增加 46%和 54.5%；经过 300MPa 超高压处理，异戊醇：异丁醇值由未处理样的 10.7：1 降低为 5.6：1；经过 500MPa 超高压处理，异戊醇：异丁醇值为 10.8：1，略高于未处理样；经过 300MPa 超高压处理，β-苯乙醇含量降低 19.98%，经过 500MPa 超高压处理，β-苯乙醇含量增加 13.07%。

第六节　枣果冻加工工艺

果冻是一种西方甜食，呈半固体状，由食用明胶加水、糖、果汁制成。亦称啫喱，外观晶莹，色泽鲜艳，口感软滑。果冻里也包含布丁一类。果冻完全靠明胶的凝胶作用凝固而成，使用不同的模具，可生产出风格、形态各异的成品。一般情况下，果冻制品要经过果冻液调制、装模、冷藏等加工工序制作而成。

（一）红枣果冻的加工工艺

1. 工艺流程

干红枣→粉碎→浸提→加酶

→浸提→过滤→红枣汁

↓

糖→溶解→过滤→熬煮→调配→灌装→杀菌→冷却→成品

↑　　　↑

明胶→溶解→过滤　柠檬酸

2. 操作要点

（1）红枣汁的制备。将红枣去核，用捣碎机破碎枣肉，加入果肉质量8倍的水，在温度70℃条件下加热提取40min，然后加0.4%（按果肉质量计算）果胶酶，40℃酶解40min，用8层纱布过滤备用。

（2）糖的预处理。白糖加适量水溶解，过滤备用。

（3）凝胶剂的预处理。明胶加质量5倍的水，待充分吸水膨胀后，于70℃水浴中加热溶解。

（4）熬煮糖胶。将过滤后的糖液加热，加入红枣汁，将溶解的明胶过滤加入，熬煮5min。

（5）柠檬酸的加入。柠檬酸先用少量水溶解，由于它会使糖胶pH值降低，明胶易发生水解、变稀，影响果冻胶体成型，在操作时应在红枣汁糖胶液冷却至70℃左右时再加入，搅拌均匀，以免造成局部酸度偏高。

（6）灌装灭菌。将调配好的糖胶液装入果冻杯中并封口（防止污染杯口），放入85℃热水中灭菌5~10min。

（7）冷却。自然冷却或喷淋冷却，使之凝冻即得成品。

(二) 莲藕红枣保健果冻加工工艺

1. 工艺流程

莲藕汁的制备工艺流程：

鲜莲藕→清洗→切片→护色→热烫→打浆→过滤→莲藕汁

红枣汁的制备工艺流程：

干红枣→清洗→预煮→打浆→过滤→红枣汁

红枣莲藕果冻的加工工艺流程：

莲藕汁、红枣汁、果冻粉→调配→灌装→密封→杀菌→冷却

2. 操作要点

(1) 原料选择。应选择新鲜、无腐烂、无破损、茎较粗的鲜莲藕，选择符合原料品质要求的红枣干果，剔除霉烂、虫蛀等不合格者。

(2) 清洗、切片。鲜莲藕采用流动水冲洗，除去污泥杂质。干红枣用流动水反复搓洗，除去附着在红枣表面的泥沙等杂质。清洗干净的鲜莲藕需去皮切成 1~1.5cm 厚的片状，并立即浸入 1%的抗坏血酸溶液中浸泡护色 10min。

(3) 热烫、预煮。藕片护色后，与护色液一起在 100℃下，热烫 5min。其目的，一方面是钝化酶，另一方面使藕粉部分 α 化。将清洗后的干红枣在锅中以 75~85℃的温度预煮 15min。

(4) 打浆、过滤。将热烫后的藕片与热烫液一起放入组织破碎匀浆机中打浆，然后用 160 目的筛网过滤取汁。将红枣洗净，在烘箱温度 60℃下烘 1h 后升温到 90℃再烘 20min 左右，然后打浆，打浆时的加水量 5 倍为好，随后采用果胶酶酶解法提取枣汁。酶作用温度为 60℃，酶作用 pH 值为 4.0，酶作用时间为 6h。将滤汁进行自然澄清，得到透明的枣汁。

(5) 果冻粉的处理。称取果冻粉与其 5 倍果冻粉量的白砂糖，将二者干混均匀后，在烧杯中用 70℃的水充分溶解。溶解过程中应不断搅拌，温度也应控制在 70℃左右，以免焦壁。

（6）调配。分别将莲藕汁与红枣汁的可溶性固形物含量调至10%，酸度调至pH值为4.5后，取一定比例的莲藕汁、红枣汁混合均匀后，将处理好的果冻粉也按一定比例加入进行调配。

（7）灌装、密封。将调配好的胶液升温至75℃时，立即进行热灌装，将其灌装到经消毒的容器中并及时封口，要防止黏污容器口，不能停留。灌装前包装容器应先消毒，灌好后应立即加盖封口。

（8）杀菌、冷却。由于果冻灌装温度过低，所以灌装后还要进行巴氏杀菌。封口后的果冻，在温度为95～100℃的热水中浸泡杀菌10min，杀菌后的果冻立即冷却至室温。低温贮藏，以便能最大限度地保持食品的色泽和风味。

（三）红枣复合果冻的工艺

1. 工艺流程

选材→去核→酶解（70℃水浴）→过滤→混合胶制备→调配→包装

2. 操作流程

（1）首先进行红枣汁的制备。将新鲜的红枣去核制成泥，在恒温水浴锅中（大约70℃）加入果胶酶，用纱布过滤，放入杯中备用。然后白糖加适量水溶解过滤备用。

（2）进行混合胶的制备。称取一定量的魔芋胶等，以一定的比例（魔芋粉：琼脂：明胶的比例为2：3：2）混入均匀后缓缓撒入一定量的冷水中，并且不断地搅拌由于三种胶的耐热性不同，故选择煮胶温度为75℃。加热煮约10min，并且注意边煮边搅拌，以免焦壁，致使胶完全溶解。

（3）将3种原材料同时制备完成之后进行调配工作。将过滤后的糖液加热，加入制备好的红枣，与过滤后的混合胶趁热混合，当温度降至70℃左右时，加入柠檬酸（柠檬酸应先用少量水溶解），注意在搅拌时候要均匀，以免造成局部温度偏高。当

3种原材料完全混合的时候再将调配好的胶液立即灌注到经过消毒处理的果冻杯中并封口（以免微生物污染杯口），放入85℃的热水中3~5min进行灭菌处理。最后进行用喷淋方法进行冷却风干注意冻凝后要在50℃的热风下使其表面水分蒸发掉，以免在包装袋中产生水蒸气而长霉。

其产品评分标准：以果冻的风味、色泽、口感、组织状态这四项感官指标来对制作的红枣果冻的质量进行评定，满分100分，由20位经过训练的专业人员组成评价小组，根据GB 1983—2005的标准制定产品的评分标准，并且根据其标准进行评分，评定结果取平均值。

第七节　其他加工产品

（一）红枣泥

枣泥是以干红枣原料，配以花生、冰糖等物质，经过蒸煮软化去核去皮捣烂成泥。枣泥可以成月饼或包子的馅或者直接食用，广泛被使用。

工艺流程为：选料→清洗→蒸煮→去核→调料→打浆→浓缩→灌装→杀菌→成品

（1）纯枣泥。挑选无虫咬、无霉烂的红枣冲洗干净，放到沙锅或不锈钢锅中，加水至红枣淹没，加盖用旺火煮开，然后改用小火煮1h，使红枣熟透。捞出后用木铲捣烂成泥，装入纱布袋压挤过滤，使枣核、枣皮留在袋内，纯枣泥滤出。

（2）豆沙枣泥。用上述方法，小豆与红枣一起放入锅内煮也可单纯将红小豆煮烂制成豆沙后，再与红枣泥拌和在一起。

（3）芝麻枣泥。先制出枣泥，取相当于枣泥重1/5或1/10的芝麻，用水洗净、晾干、炒黄、轧碎，与枣泥拌和。除芝麻外，还可用核桃仁、板栗仁做成不同枣泥。

(4) 果香枣泥。在制好的枣泥中加入果香精，即成果香枣泥。

(二) 焦枣

焦枣又称脆枣，焦香酥脆，风味独特。

1. 工艺流程

选料→泡洗→去核→烘烤→上糖衣→冷却→包装

2. 操作流程

(1) 选料及泡洗。选择果大、致密、无病虫的上等红枣。倒入温水缸中洗净，并让其吸胀。

(2) 去核、烘烤。用去核器去核。将去核的枣倒入特制的烘枣笼内（长 80cm、半径 25cm 的圆柱形网笼），笼中央有 1 个铁轴，支撑枣笼旋转，枣的体积约占总容积的 2/3，每分钟 40 转左右，一般 30~40min 可烘 1 笼。

(3) 上糖衣。在刚烘烤结束的枣面上，喷上刚熬好的糖浆（3 份白糖加 1 份水，熬至 120℃），边喷边搅拌，一定要喷匀，使枣面上形成 1 层白糖霜。

(4) 冷却和包装。将焦枣摊晾在干燥的地方，待冷却后用塑料食品袋包装。

(三) 枣果酱加工

红枣的加工利用尚处于初级阶段，加工产品种类少。加工果酱是红枣深加工、丰富红枣产品种类的一条有效途径。目前，红枣果酱的研究一般以干制红枣为原料，以果酱感官品质为评价指标，对果酱的工艺和配方进行优化。

焦文月以同一品种红枣的脆熟期红枣、糖心枣、干制红枣为原料，首先对红枣软化的方式和时间进行单因素试验，以红枣软化后总糖、黄酮、总酚、维生素 C 的损失量和打浆效果为评价指标，确定红枣软化的最佳方式和时间。以果酱的总糖、黄酮、总酚、维生素 C 含量和感官品质得分为评价指标，研究确定了不同红枣原料加工果酱的工艺和配方。并对不同红枣原料制备的果酱的营养品质和感官品质进行了比较，确定了加工红枣果酱的优势原料及工艺技术，研究发现如下。

（1）红枣软化的最佳方式和时间。采用热蒸汽软化优于水煮软化。脆熟期红枣和糖心枣的最佳软化时间为 13min，干制红枣的软化时间为 12min。热蒸汽软化比水煮软化能使总糖的保存率提高 12. 25%～45. 84%，总酚保存率提高 1. 36%～7. 11%，维生素 C 保存率提高 5. 29%～29. 76%，两种软化方式的黄酮含量相差不大。

（2）不同原料红枣加工果酱时主要原料的最佳质量配比和熬制时间参数。

①脆熟期红枣：枣果浆 400g，白砂糖 120g，柠檬酸 0. 8g，熬制 15min。

②糖心枣：枣果浆 400g，白砂糖 75g，柠檬酸 0. 6g，熬制 18min。

③干制红枣：枣果浆 400g，白砂糖 100g，柠檬酸 1g，熬制 12min。

（3）通过分析表明，采用糖心枣作为原料加工的果酱优于以脆熟期红枣和干制红枣为原料加工的果酱，具有较好的营养品质和感官品质。

（4）以糖心枣为原料加工果酱的工艺流程。

红枣→挑选→清洗→热蒸汽软化 13min→手工去皮去核→加入与红枣果实相同质量的水打浆 3min→熬制 18min→边搅拌、边加入白砂糖、柠檬酸→趁热罐装、封口→热蒸汽灭菌 20min→冷却→成品

按照优化的工艺流程和配方生产出的果酱主要营养成分含量为：总糖 42. 83%、黄酮 261. 21mg/100g、总酚 10. 69mg/g、维生素 C 28. 18mg/100g、总酸 0. 66g/100g、可溶性固形物

44.96%、固酸比67.92。感官品质为：棕红色，自然透亮；口感细腻，酸甜适口；具有红枣的浓郁香味，无异味；酱体均匀一致，涂抹性良好；无糖结晶，无汁液析出，无杂质。

对低糖红枣果酱加工的最佳工艺，赵佳奇以糖心枣为原料，研究不同软化方式、时间对红枣感官及打浆效果的影响，并采用正交试验对低糖红枣果酱的加工配方和熬制时间进行研究。采用蒸汽处理13min对红枣具有很好的软化效果；红枣果酱最佳加工配方为红枣果酱400g（软化枣果与自来水的质量比为1：1），白砂糖100g，柠檬酸0.8g，较佳熬制时间为18min。得到了低糖红枣果酱加工的较佳工艺，且此工艺条件下生产的果酱组织状态，口感、香味、色泽、涂抹性俱佳，营养物质含量较高。

（四）枣粉加工工艺

1. 工艺流程

原料选择与整理→清洗→破碎→软化→匀浆→果胶酶处理→灭酶→过滤→浓缩→调配→喷雾干燥→收集→检验→包装→成品

2. 操作要点

（1）原料选择整理。挑选成熟、果肉紧密、无霉变和虫蛀的原料，去掉果蒂等不可食部分。

（2）清洗。先用清水将附着在表面的泥沙等污物洗净，再用流动的清水冲洗。

（3）破碎。将洗净晾干的枣切成直径为5mm左右的小块，这样可以缩短预煮的时间，防止营养物质的损失。

（4）软化。添加枣重量5倍的水与枣混合，在电炉上加热，加热至枣用手可捏碎为止。

（5）匀浆。用高速分散机将经软化的枣分散成均匀的浆体，高速分散机的转速为2 000r/min，处理时间为40s。

（6）果胶酶处理。先调节枣浆的pH值，然后按一定比例称取所需的果胶酶与枣浆混合，在恒温水浴锅中保持一段时间进行酶解。

（7）灭酶。酶解结束后将温度迅速升至95℃，灭酶1min。

（8）过滤。用50目的过滤筛过滤，弃去筛上物。

（9）浓缩。用RE-52CS旋转蒸发器进行真空浓缩，浓缩终点至可溶性固形物含量为30%。

（10）调配。按一定比例分别添加木糖醇、柠檬酸、麦芽糊精进行调配。

（11）喷雾干燥。将调配好的枣汁预热至一定温度后送入喷雾干燥机进行干燥。喷雾干燥的工艺参数为进料温度为30℃，进风温度为120℃，泵流量为50mL/min，进风压力为230kPa这样得到的枣粉粉粒细小均匀、无结块、枣香浓郁、糖酸比适中、风味好、无肉眼可见的机械杂质。

（12）收集。由于干燥后的成品呈干粉状，极易吸湿回潮，所以喷雾干燥结束后应立即进行收集。

李媛萍等以红枣浆流变学特性的黏性指数为指标优化枣浆酶解参数，喷雾干燥法制备红枣粉，检测了主要成分的变化，得到枣浆最佳酶解条件为：去皮去核干枣与枣浆质量比为0.20，酶解温度43℃，时间4h，酶用量0.27mL/g。红枣粉喷雾干燥工艺参数为：去皮去核干枣与枣浆质量比为0.20，麦芽糊精加量与枣浆中干枣质量相等，料液进口温度为120℃，蠕动泵进料量为600mL/h，红枣总黄酮的含量随着红枣酶解、均质和喷雾干燥逐渐降低，总多酚酶解后升高，均质和喷雾干燥后下降，而总糖含量则随着酶解均质而逐渐上升。HPLC法测定红枣中含有原儿茶酸、儿茶素、咖啡酸、表儿茶素、芦丁、肉桂酸和槲皮素，咖啡酸的含量在酶解后升高均质及、均质、喷雾干燥后降低。得到红枣原粉含量达50%的色泽微黄、枣香浓郁的产品。

周禹含等通过对变温压差膨化干燥、真空干燥、热风干燥和真空冷冻干燥4种干燥方式所得枣粉的物理特性和营养成分的分析测定，研究不同干燥方式对枣粉品质的影响。结果表明，在物理特性方面：真空干燥和真空冷冻干燥枣粉呈现较好色泽，真空冷冻干燥枣粉溶解性差于其他3种枣粉，吸湿性无明显差异，变温压差膨化干燥和热风干燥枣粉复水性较好，真空冷冻干燥枣粉的粒径和堆积密度最小；在营养成分方面，4种枣粉的营养成分较鲜样均有不同程度的降低，变温压差膨化干燥和真空冷冻干燥枣粉的还原糖和总糖含量相对较高，真空干燥枣粉总酸含量最高，真空干燥和真空冷冻干燥枣粉的维生素C和黄酮含量较高，真空冷冻干燥和变温压差膨化干燥枣粉的环磷酸腺苷含量稍高于其他两种干燥方式。枣粉的综合评分结果显示，真空冷冻干燥枣粉品质最佳，其次是真空干燥枣粉和变温压差膨化干燥枣粉，热风干燥枣粉品质最差。真空冷冻干燥和真空干燥生产成本高，变温压差膨化干燥枣粉品质较好，且所需干燥时间短，生产效率高、成本低，适宜在枣粉加工产业推广。

张敏以新疆一级哈密枣为研究对象，通过采用分离自大枣的酵母菌株以及蛹虫草菌株对其进行发酵工艺的分别优化，并对其发酵产品进行了3种干燥方法的比较，同时对其发酵前后的磷、钙、铁等元素的含量进行了测定并比较。主要结果如下，通过对菌落外观特征的鉴定及菌株产气能力的比较筛选出一株具有较强发酵能力的酵母菌。通过对酵母菌接种量、发酵温度、发酵时间的三因素三水平正交试验最终确定出此三者的最优发酵参数为酵母菌接种量7mL，发酵温度28℃，发酵时间104h。通过对蛹虫草接种量、发酵时间、料水比的三因素三水平正交试验最终确定出此三者的最优发酵参数为蛹虫草菌接种量65mL，发酵时间3.5d，料水比1：0.45。通过热风干燥、喷雾干燥、真空冷冻干燥3种方法对3种枣浆进行干燥，并以维生素C的含量为主要指标，以水分含量、速溶性及香味等为次要指标对干燥方法进行评价，结果表明真空冷冻干燥法效果最好，所得产品维生素C含量最高，水分最低，速溶性好，香味最浓。3 种枣粉维生素 C 含量及 Ca、P、Fe 等元素的含量测定结果为：未发酵枣粉、酵母发酵枣粉及蛹虫草菌发酵枣粉分别含维生素 C 48.5mg/100g、50mg/100g、54mg/100g；而磷含量分别为 55mg/100g、60mg/100g、67mg/100g；钙含量分别为 61mg/100g、65mg/100g、70mg/100g；铁含量分别为 1.6mg/100g、2.1mg/100g、1.9mg/100g。由于蛹虫草菌在发酵过程中会产生胞内或胞外蛹虫草多糖，对人体益处非常大，综合各方面指标，本论文得出最后结论：蛹虫草菌发酵大枣粉工艺表现出色，产品性质优异，具有极大市场潜力，适合进行工业化生产。

（五）枣脯类加工

枣脯是利用一定糖浓度的溶液在一定温度下将枣果蒸煮，然后经过干燥而获得的，最后呈现一种琥珀色透明的枣脯，成品既营养又入口香甜，嚼起来比较有韧性，得到了广大消费者的喜爱。

枣脯加工工艺流程：

选料→洗料→去核→糖煮→浸泡→干燥→整形→成品

（六）枣肉干

枣肉干香气浓郁、蜜甜可口，主要用来做粥。

1. 工艺流程

选料→削皮→软化→去核→整形→闷枣→复干→包装

2. 操作流程

（1）选料。选个大、汁液较少、无病虫及无损伤的鲜枣。在 8—9 月果实成熟时，随采随加工，易于削皮。

（2）削皮及软化。用利刀将果皮削净。将削皮的枣放在干净的席上晒 3～4d，每天翻动 2～3 次，待果肉变软即可。也可用烘烤法软化，在坑上烘烤 1.5～2h，温度保持 60℃左右。

（3）整形。去核后进行第 1 次整形。枣肉干的形状需根据枣去核后的形状而定。一般捏成四周厚中间薄的长方形或纺锤形。

(4) 闷枣。将制成的枣肉干放在缸中密封 10d 左右，以提高枣的香度。

(5) 复干及包装闷。好的枣，再晒 1~2d 或烘 2~3h，使水分含量在 13%以下。用塑料食品袋包装。

(七) 熏枣

熏枣的制作一般分为两个部分。

1. 制炉

(1) 火炉。火炉是用于煮熟鲜枣的。用石头砌成 2m 见方的锅台，锅口直径 1.5m 左右。在火炉周围，砌一个 2m 见方的冷水池，便于冷却出锅的熟枣。就近安放煤块和贮水缸。

(2) 熏炉。熏炉是用于熏干枣的。在规划好的场地上挖一个深 2m、长 6m、宽 2.7m 的土坑为熏坑，熏坑上搭横梁木，摆放间距为 50cm，横梁要保证水平一致，以免造成熏床高低不平，烟向一边倒，影响熏枣质量。横梁放好后，在熏坑沿口做宽 20cm、高 30cm 的平顶埂。在熏坑的长边约 1m 处，挖口径 1m、深 2m 的熏口，熏口底部与熏坑底部打通，成为熏道，便于加工时进入熏炉操作。

(3) 做床。在横梁上整齐摆放一层竹排，竹排间的缝隙用细木棍塞平整。在竹排上面再平整地铺一层竹帘，这样熏床就做好了。

2. 熏枣

(1) 煮枣。加热火炉，待水开后，将选好的红枣入锅，煮 5~6min，当红枣颜色变深，口感稍软时即可。用竹筐将枣从开水中捞出，倒入冷水池中冷却 3~5min，见枣皮变皱、颜色褐红时就捞出来堆放在苇席上，自然冷却后再放入熏床熏。冷水池的水要勤换，保持冷却作用。

（2）熏枣。将凉好的熟枣放入熏床，均匀地铺 15～20cm 厚，上面盖好苇席，就可点火熏蒸了。用备好的柴做燃料，从熏口、熏道进入熏坑，在熏坑内均匀地点燃两堆柴，控制其火焰不能高于 50～60cm，尽量使坑内保持恒温。关键在于把握火候。火大了容易烤着熏床，烤焦熏枣，火太小又熏不干。要有专人看炉，隔半小时进入熏坑料理一次火的大小，见烟夹着蒸汽从熏床上升起，属正常现象。这样持续 5～6h，就熄灭烟火，待熏枣完全冷却，便开始翻炉。

（3）翻炉。翻动铺在熏床上的乌枣，使其受热均匀，但不宜动作太大，以免损伤枣果。具体办法是：先把边沿的乌枣用簸箕铲出一角空地，便于人工操作，再把上面的乌枣翻到下面，下面的乌枣翻到上面，待全部翻完，然后整平，铺上苇席，再熏 5～6h，待冷却后就能出炉，堆放在苇席上，准备再熏第 2、第 3 次。要出成品，照这样的办法，入炉—翻炉—出炉熏 3 次。为了节省时间可交叉熏，只要把所熏次数相同的乌枣堆放在一起即可。

（4）分级。待枣熏好后，将乌枣铺在苇席上开始人工分级。将光泽亮、颗粒大、干度高的乌枣作为一等品，其余乌枣入炉再熏 1 次，分级。

第八节　枣皮、枣渣的综合利用

（一）枣皮色素提取

目前大枣枣皮红色素的研究主要集中在提取工艺、抗氧化性、物理化学性质和稳定性方面，其中提取工艺方面已经较为成熟，然而大枣枣皮红色素组成、化学属性及结构至今不明，这严重妨碍到对其的开发利用，为此需要对枣皮红色素进行分离纯化以确定其结构。

（1）比较中、大孔树脂对枣皮红色素的吸附解吸效率，发现 AB-8 型大孔树脂对于枣皮红色素有较优的吸附率与解吸率，选择 AB-8 型大孔树脂用于枣皮红色素的初步分离。通过单因素法与正交试验法确定 AB-8 型大孔树脂对于枣皮红色素吸附的最佳工艺：吸附浓度 0. 8mg/mL、静态吸附时间 3. 5h、料液比 90：40，在该工艺条件下，静态吸附率最大，为 65. 6%；AB-8 型大孔树脂的洗脱工艺：依次用体积分数为 10%、20%……90%乙醇水溶液梯度洗脱，洗脱率 98. 2%。

（2）枣皮红色素是水溶性色素。温度对于枣皮红色素稳定性影响较小，直射光照对枣皮红色素有一定影响；枣皮红色素在弱酸和碱性条件性质比较稳定；枣皮红色素对于食品添加剂柠檬酸有很强的稳定性；枣皮红色素对维生素 C 非常不稳定，吸光度增大，具体原因未明，枣皮红色素保存时应尽量避免维生素 C。

（3）大枣枣皮红色素乙醚分级分离部分对超氧阴离子自由基和亚硝酸根离子具有较好的清除作用，表明枣皮红色素是一种良好的天然自由基清除剂，但对于羟基自由基的清除效果不理想。此部分对 k562 白血病细胞的抑制作用较为明显，表明枣皮红色素中具有一定的抗肿瘤作用，其具体的作用机理需要进一步的研究与证明。综上所述，大枣枣皮红色素是一种优良的功能型天然色素。

（4）AB-8 型大孔树脂、Sephadex LH-20 等柱层析技术分离枣皮红色素乙醚部分，得到两个组分，由于微量和纯度原因，只检测到两个组分分子量分别为 411. 2、382. 1，还不能得到具体的化学式和化学结构，经 MS、IR 等检测推断，这两个组分为饱和或不饱和脂肪酸一类的化合物。这在枣皮红色素分离中属首次发现，也间接说明 AB-8 型大孔树脂、Sephadex LH-20 等柱层析技术适于枣皮红色素的分离，这为进一步研究大枣枣皮红色素化学成分提供了借鉴和依据。

马奇虎以宁夏灵武长枣枣皮为试验原料，较为系统的研究和分析了枣皮红色素的提取、纯化工艺，稳定性及其化学组成和结构，以期为枣皮红色素的合理开发与应用提供理论依据和参考。试验结果表明，超声波辅助提取的最佳工艺条件为超声波功率80W，NaOH 浓度 0.50mol/L，提取时间 30min，料液比 1∶10 g/mL，提取温度 75℃。提取级数 3 级，提取率为 95.77%；微波辅助提取法的最佳条件为微波功率 540W，NaOH 浓度 0.51mol/L，提取时间 134s，料液比 1∶10g/mL，提取级数 3 级，提取率为 97.16%。两种方法在最佳提取工艺条件下的提取率分别为 95.77%和 97.16%，两者提取率相差不大。纯化试验结果表明：LX-60 型大孔树脂对色素具有较好的纯化效果，其最优试验条件为：室温条件下，浓度（吸光值）为 1.208 的色素液，以 1.0mL/min 的流速吸附上柱，然后以 50%乙醇作为洗脱剂，以 1.0mL/min 的流速进行洗脱。经过大孔树脂纯化后，枣皮红色素产品的得率为 5.73%，色价为 23.61，是纯化前色素色价的近 10 倍。通过色素的显色反应、紫外和红外光谱扫描，可知枣皮红色素中可能含有 C-OH、C-H、C=O、芳环或杂环等官能团，可能属黄酮类化合物。对枣皮红色素的稳定性研究结果表明，枣皮红色素在中性及碱性环境下较稳定；阳光直射对色素的稳定性有着明显的影响，温度对色素稳定性影响较小；该色素对甜味剂具有较好的稳定性，对柠檬酸、抗坏血酸和山梨酸钾的稳定性较差，在 Na_2SO_3 和低浓度 H_2O_2 条件下色素的稳定性较好，说明该色素具有一定的抗氧化还原能力；金属离子 K^+、Mg^{2+} 和苯甲酸钠对色素具有一定的增色作用；该色素对金属离子 Fe^{3+}、Fe^{2+}、Cu^{2+}、Al^{3+}、Pb^+、Ca^{2+} 及 Zn^{2+} 稳定性不好，容易与这些金属离子产生络合作用而生成沉淀，所以该色素在贮存和使用过程中应尽量避免和这些金属离子接触。

（二）枣皮酚类物质提取

为提高枣果皮中的酚类物质的提取效率，薛自萍等以马牙枣为试验材料，对枣果皮中酚类物质提取条件进行了优化，同时通过测定酚类物质清除2，2’-二苯基-1-间三硝苯基联肼（DPPH），2，2′-连氮基双（3-乙基苯并噻唑啉）-6-磺酸（ABTS）自由基和铁还原能力，分析了枣果皮提取物中酚类物质的抗氧化活性。结果显示，枣果皮中酚类物质提取的最优条件是采用70%（V/V）的甲醇、在40℃下，以1：60的料液比浸提4h，重复浸提2次。枣果皮中酚类物质具有很强的抗氧化能力，与合成抗氧化剂2，6-二叔丁基对甲酚（BHT）相比，虽然果皮中酚类物质清除ABTS·自由基能力略低于BHT，但其清除DPPH自由基和铁还原能力与之相当。研究结果表明枣果皮中酚类物质具有很强的抗氧化能力，在一定程度上可以取代合成抗氧化剂BHT，应用于食品加工业。

（三）枣渣膳食纤维

枣汁的加工过程中会产生占原料80%以上的大量枣渣，而枣渣中含有丰富的膳食纤维，属于潜在的膳食纤维来源。膳食纤维对人们身体健康有益，因而一直得到广泛关注，但纤维来源有限，拓展膳食纤维新来源，以获取具有高功能性的膳食纤维产品就显得很有必要。回收利用枣汁加工副产物——枣渣，通过将其进行改性处理，以提升枣渣纤维的功能性，并分析对比了改性前后枣渣纤维的结构及理化性质，此外，就粒度与枣渣不溶性膳食纤维理化性质的相关性及可溶性膳食纤维相关性质也进行了研究，旨在为改性枣渣纤维应用于食品行业提供理论指导。以可溶性及不溶性膳食纤维得率为指标分别研究纤维素酶、木聚糖酶对枣渣膳食纤维的改性效果，优化两种酶复合使用的工艺条件，提高枣渣纤维纯度并提高可溶性膳食纤维含量比例。利用响应面法优化了复合酶法改性枣渣纤维的条件，得出的最佳条件是：按料液比 1∶10 添加水，无须调节混合体系酸碱度，纤维素酶添加量 0.29%，木聚糖酶添加量 0.21%，酶解时间 49min，酶解温度 50℃。在此条件下，终产物中可溶性膳食纤维（SDF）与不溶性膳食纤维（IDF）百分比含量分别从 6.79%和 37.52%提高到 14.65%和 45.72%；对比酶法改性前后枣渣纤维的微观结构和理化性质，表明枣渣纤维的持水力、结合水力、膨胀性及持油力等性质经过双酶改性后均有不同程度的改善，对照枣渣纤维微观结构的变化可以得到合理解释。此外，对比了改性前后枣渣纤维主要抗氧化物质黄酮、多酚含量的变化，发现两者均有较高的保留率，产物仍含有 10.68mg/g 的总黄酮和 15.32mg/g 多酚化合物；再次，实验探讨了粒度与枣渣改性不溶性膳食纤维性质的相关性。实验对比了不同粒度条件下枣渣不溶性纤维的理化性质，包括水合性质（持水力、结合水力、膨胀力）、持油力、吸附特性（胆固醇吸附能力、重金属吸附能力、葡萄糖吸附能力）及阳离子交换能力。结果表明粉碎粒度为 100～120 目时，改性枣渣不溶性膳食纤维的理化性质综合表现较佳。同时结合口感，改性枣渣不溶性膳食纤维的最佳粉碎粒度范围为 100～120 目，在其应用中可考虑粉碎至此粒度范围；可溶性膳食纤维的溶解度和黏度等会显著影响其应用范围。结果表明，实验获得的枣渣可溶性膳食纤维有较好的溶解特性，当温度为 60℃时，其溶解度可达 95%以上，故在生产应用中不需要高温处理；溶液黏度较小，即使在比较高的浓度下黏度也不大，可溶性膳食纤维不会发生凝胶化，可以考虑添加到一些饮品中而不影响原体系黏度；高盐离子浓度下，可溶性膳食纤维黏度受体系离子浓度变化影响较小，可以考虑作为纤维补充剂加入高盐食品中提高食品膳食纤维含量。采用 DEAE-Sepharose CL-6B 离子柱分离得到 4 种不同组分，1 种中性糖、3 种酸性糖，为低聚糖和小分子糖，分子量分别在 10241、2374、1438 和 769 附近，且分子量在 769 附近的小分子糖所占比例小，验证了木聚糖酶和纤维素酶对枣渣纤维的酶解作用。

朱静以太谷壶瓶枣裂果，采取微波、热风、二氧化氯3种防腐方法处理裂枣研究不同成熟度、不同防腐处理后裂枣的质地、营养成分的变化，通过与不同枣产品所需原料的要求对比，确定裂枣的加工产品类型。结果表明，用720w微波处理裂枣180s，枣果熟化有蒸煮味，加速了枣皮中叶绿素的降解，枣皮褪绿变黄，抑制枣果转红，枣果质地变软。微波处理的裂果枣肉硬度是3.89~18.8N，弹性为2.54~3.54mm，黏附性为2.08~3.64 N·mm，吸附性为9.70~24.86mJ，内聚性0.18~0.27，可溶性固形物为16.57%~24.43%，可滴定酸0.37%~0.59%，总糖14.54%~21.47%，维生素C含量32.3~243.9mg/100g。裂枣经微波处理后枣肉硬度降低、咀嚼性降低、弹性变小、内聚性降低、黏附性增加、可溶性固形物及可滴定酸含量增加、维生素C含量降低。用70℃热风处理裂枣2h，由于美拉德反应枣皮色泽加深。热风处理的裂枣果肉硬度是3.89~37.37N，弹性为4.40~5.34mm，黏附性为1.42~2.92 N·mm，咀嚼性为18.40~46.90mJ，内聚性为0.21~0.32，可溶性固形物为20.43%~27.02%，可滴定酸0.32%~0.57%，总糖14.84%~23.22%，维生素C含量11.2~135.8mg/100g。枣果中的维生素C损失严重，其他指标变化较小。90mg/L浓度二氧化氯浸泡20min裂枣的枣肉硬度是36.80~42.12N，弹性为4.36~5.82mm，黏附性为1.26~2.32N·mm，咀嚼性为39.30~56.90mJ，内聚性为0.21~0.34，可溶性固形物为16.12%~24.43%，可滴定酸0.37%~0.54%，总糖14.23%~21.57%，维生素C含量132.6~361.3mg/100g。二氧化氯处理后裂枣硬度、弹性、咀嚼性、内聚性及黏附性的变化小；枣果呼吸代谢的消耗，可滴定酸含量明显降低；可溶性固形物含量先上升后下降；枣果中的维生素C

含量得到有效保留。3 种防腐处理后的裂枣可以加工成酱类产品、发酵产品、枣汁及枣粉，二氧化氯处理和热风处理的裂枣还可以加工成干制产品。

第九节　枣加工新技术

枣除鲜食外，可加工成多种制品，如干枣、蜜枣、枣醋、枣酒、枣乳和枣粉等。但目前枣加工仍处于初级阶段，枣加工业普遍存在工艺落后、技术含量低、产品精深加工不够和产品附加值低等问题。如传统蜜枣多由小工厂加工生产，含糖量过高，一般为 65%~70%，有的甚至达到 75%，使产品表面发黏，原果味严重丧失；烘房或热风干燥红枣时，温度较高，加工周期长，由于热和氧化的双重作用使维生素 C 在加工过程中大量损失；并引起酶促褐变、非酶促褐变、美拉德反应、焦糖化反应，使产品褐变且有苦味、焦味。此外，枣皮和枣核还未能进行深度开发增值，其他产品也因加工工艺不成熟、产品质量标准不完善或市场开拓有限而未能实现产业化生产。

枣干燥加工新技术

鲜枣含水量高，不易储藏和运输，多直接加工成干枣或作为原料进一步加工成其他产品。目前，枣的干燥普遍采用“烘房法”或“热风干燥法”。干燥温度高，时间较长，枣严重褐变，营养素损失严重，产品质量差，这些都严重限制了枣加工业的发展。采用新的干燥技术，如真空干燥、微波干燥和变温压差膨化干燥等技术可克服传统干制过程中的各种弊端。

1. 枣的真空干燥技术

真空干燥是在密闭容器内，由真空系统使物料表面的绝对压力和水蒸气分压降到较低的状态，物料中的水分就会蒸发气化除去，从而获得含水率低且保存期长的干制品。它与热风干燥相比，具有干燥温度低，可防止热敏性成分损失；干燥速度快；缺氧环境能杀灭嗜氧性细菌和某些有害微生物，减轻物料氧化作用等特点，适合干燥各种水果制品。许牡丹等通过对枣真空干燥工艺曲线的绘制发现，枣干制时脱水是由表及里进行的；枣的维生素 C 值随干制过程的含水率变化而改变，枣的含水率越低，其维生素 C 含量越高，干制过程中枣的维生素 C 值呈上升趋势；维生素 C 和总糖含量较常压热风干制的高，且表皮仍为鲜枣的玫瑰红色，果肉保持原有的浅绿色，香味浓郁、无苦涩味、无焦味。但其变化机理有待进一步探索研究。

（1）设备。在国家重点新产品 ZGT 型真空干燥机内加工干制工作真空度范围 267~400Pa（2~3Torr），干燥室内氛围温度 10~45℃，加热机制为双面平板辐射传热，用 0.01~0.03MPa 蒸汽作加热介质，间壁式供热。

（2）工艺流程

原料→分选→清洗→预处理→干燥→分级→包装→检验→入库

（3）操作要点。

原料红枣：新鲜晋枣。要求检出风落枣、病虫枣、破头枣、青枣等。按品种、大小、成熟度进行分级，使干燥程度一致。

预处理：为了减少微生物污染，必须将红枣进行充分洗涤，再用流动水冲洗或空压机搅拌清洗。对去核红枣进行去核后，干制。

装枣：每平方米烘盘装枣量因红枣的品种、大小不同而异，装枣厚度以不超过两层枣为宜。

干制：在 ZGT 型真空干燥机内进行，干制过程中定期观测干燥室内真空度和氛围温度，并取出不同阶段的干制枣，测量水分和维生素 C 含量，用感官评定法对其色、香、味进行评价。

分级包装：按照大小、干燥程度进行分级，放至室温进行包装。

结果：红枣干制过程参数测定结果变化曲线如图 3-2 所示。

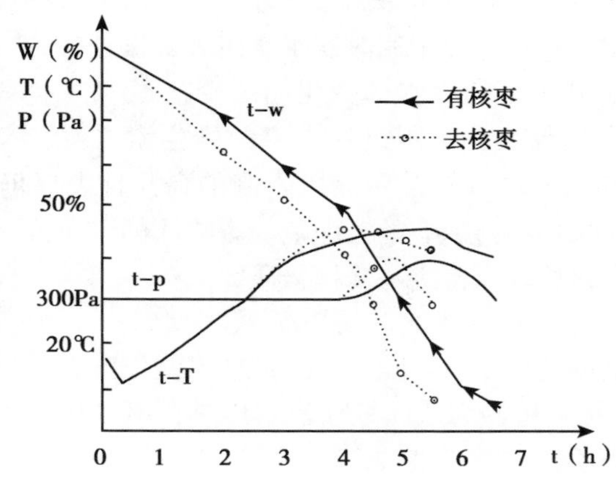

图 3-2　晋枣的真空干制工艺曲线

从图 3-2 可以看出，红枣的干制脱水过程有 3 个不同阶段，即匀速段、加速段和减缓段。以图 3-2 中未去核枣为例，第 1 阶段为 0~4h 期间，此期间枣的水分呈基本匀速下降趋势，脱水也较缓慢，第 3h 到第 4h 为过渡期，脱水正在加速；第 2 介段为 4~6h 期间，脱水加快，且加速程度由递增到递减状；第 3 阶段为最后半小时期间，脱水明显变慢。第 1 阶段时间较长，占总脱水时间的 62%，但脱水量仅为总脱水量的 46%；第 2 阶段时间为总脱水时间的 31%，但脱除的水量却为总脱水量的 50%；第 3 阶段的时间和脱水量均很少。从脱水氛围温度来看，前 20min 只抽真空未加热，由于枣的表层脱水和干燥室内壁附着水的蒸发需从环境获取热量，故温度逐渐下降。开始加热后脱水量不大，加热供给的热量大于脱水所需要的热能，环境温度逐渐升高。供热 3h 后，枣的脱水量逐步增多，需要从外界获得更多热能，氛围温度上升趋于平缓，其趋势从第 3h 一直保持到第 5.5h。到此，脱水已接近完成，枣的含水率已经很低，枣本身温度也在上升，如继续供热，枣体将快速升温，导致干制品质量下降，故停止供热，以干燥室内残存热量维持枣的最终脱水，氛围温度逐渐下降。干制期间的真空度变化也表明，脱水第 1 阶段的蒸发量不大，干燥室内压强变化不明显；脱水加快期间，由于水的蒸发量较大，真空度有明显下降，到脱水末期又有所回升。干制工艺曲线表明，枣干制时脱水是由表及里进行。初期，氛围供给的热量不能深入枣的内部，表层脱水所需热量不但从环境汲取，并向内层寻求，导致枣内层进一步降温，第 1 阶段在枣内形成内部水分大于外层，而外层温度高于内层的总格局。物料中水分扩散虽由高水分处向低水分处流动，但也由高温区向低温区迁移。枣内水分的这两种逆向扩散过程使第 1 阶段的脱水速率不能很快提高。由表及里的脱水给内部水分的移出逐渐形成许多通道，也给氛围向枣内部深层供热提供越来越好的条件。长期供热情况下，枣内部逐步升温，水分迁移受温度逆向扩散作用的影响逐步减弱，内部获取热能条件又得到改善，这样脱水加速段逐步形成，枣内水分得以大量脱除。脱水前两段主要脱除的是附着水和游离水，第 3 阶段以结晶水脱除为主，量小而脱水困难，脱水速率明显下降。

（4）红枣干制过程中维生素 C 含量变化。红枣干制中维生素 C 含量变化见表 3-3。在我们的真空低温干制测试中，晋枣的维生素 C 值随干制过程的含水率变化而改变，枣的含水率越低，其维生素 C 含量越高，干制过程中枣的维生素 C 值呈上升趋势。在含水率为 20%~30%时，低温真空干制的红枣维生素 C 含量为 280.1~378.0mg/100g，而用常压热风干制的干枣，如市售的陕西晋枣、圆枣、滩枣中维生素 C 含量仅为 5~50mg/100g；含水率为 10% 时，真空低温干制的干枣维生素 C 含量平均为

677.9mg/100g，山西稷山板枣维生素 C 含量仅为 1.5～7.0mg/100g；含水量为 4%～5%时，真空低温干制的红枣维生素 C 含量平均为 848.8mg/100g。这是由于维生素 C 是一种热敏性成分，加热情况下易受氧化而损耗。常压热风干制时需要的脱水温度较高，加工周期又长，热和氧化的双重不良影响使红枣中的维生素 C 在加工过程中大量损耗。在 270～400Pa 真空下，干制氛围的氧量仅为常压时的 0.06%～0.09%，此时水的相应饱和温度为 -9～-5℃，这种脱水工艺条件若热传导得当极易实现低温快速脱水，并避免温度对热敏性成分的不良作用，有效保存干制品中维生素 C 等热敏性成分。

表 3-3　红枣真空低温干制过程中维生素 C 含量变化

含水率（%）	35	30	25	20	15	10	5
维生素 C 含量（mg/100g）	229.6	280.1	326.7	378.0	530.3	677.9	848.8

注：红枣为不去核晋枣

真空低温干制的不同品种红枣的果皮仍为鲜枣的玫瑰红色，果肉保持原有的浅绿色，香味浓郁，无苦涩味，无焦味；而常压热风干制的红枣，果肉为暗红至褐色，有苦涩味和焦味。这是由于红枣的色泽在无外加有色原料成分影响下，水的活性、酶的作用、氧化和较高温度引起的酶褐变、氧化性褐变、热对色素的分解等所致。其典型反应为水、温度、氧化共同参与的美拉德反应。真空机制的作用，既限制了水和酶的活性，又避免了氧化，并可实现低温加工过程，故而枣的干制可保持原有色泽基本不变。真空低温干制的红枣的维生素 C 和总糖含量较常压热风干制的高，原因是高温有氧条件下维生素 C 易氧化损失，总糖中易分解的糖如果糖、葡萄糖等在高温条件下分解损失，并发生焦化反应，生成一些苦涩物质等，造成总糖含量减少，苦涩味加重，导致品质下降。

加工实践表明，适宜的低压和低温条件用于鲜枣加工，既能保持其皮肉色泽不变，又能有效地保存其维生素 C 等重要成分，不产生糖的焦化反应，还可将对口感有不良影响的苦涩味成分挥发去除，干制时间也大幅度缩短。

效益分析：使用 ZGT-120 型真空干燥机，采用不同品种、大小的红枣，加工含水率为 4%～5% 的干枣，装料面积为 120m²，每批可加工鲜枣 1.2t。该机配置的能耗为水蒸气 1.4th，电力 28kw，加工时间 5.5～7.5h。加工每吨鲜枣能耗为 7.7～10.5t 水蒸气，154～210 度电。按每度电费 0.5 元、自产水蒸气每吨 30 元计，加工每吨鲜枣的能耗费用为 0.03 万～0.04 万元。按鲜枣每吨价值 0.3 万元计，其能耗费用为主原料成本费的 10%～30%。

结果看出：真空干制可获得维生素 C 含量高达 800mg/100g 以上，又无焦苦味的干枣，且枣的内外色泽不变。不同品种的鲜枣在真空机制下可实现快速干制，获得含水率为 4%～5%的干枣仅需 5.5～7.5h。这种加工方法的生产应用，在产枣季节可大量减少鲜枣的自然损耗。

使用适当的真空干燥机型，采用不同品种和大小的鲜枣，加工含水量为 4%～5%的干枣，每吨能耗费用为 0.03 万～0.04 万元，社会经济效益明显。

2. 枣的低温真空油炸技术

低温真空油炸，是指在真空状态下使样品处于负压状态，以抗氧化能力强的植物油为传热介质，枣细胞间隙中的水分（自由水和部分结合水）急剧汽化而膨胀，使组织形成疏松多孔的结构。低温真空油炸技术将油炸和脱水作用有机的结合在一起，在这种相对缺氧的条件下进行食品加工，可以减轻甚至避免氧化作用（如脂肪酸败、酶促褐变和其他氧化变质等）所带来的危害。用克劳修斯-克拉佩龙方程计算，真空度为 97.97Pa 负压时，纯水的沸点大约为 40℃，因此，可使枣原料在较低温度下脱水，有效地避免高温处理所带来的一系列问题，如炸油的聚合劣变、枣本身的褐变反应、美拉德反应和营养成分的损失等。张炳文等进行的低温真空油炸酥脆枣研究表明，无核鲜枣在-30~-25℃的冷冻环境中进行快速冷冻后，在真空度 0.085~0.095MPa，炸油温度 90~100℃条件下制得的枣脆组织膨松、口感酥脆、香甜可口、无油腻感且枣味浓郁，品质明显优于传统干枣。

3. 枣的喷雾干燥技术

喷雾干燥是将液体通过雾化器的作用，喷洒成极细的雾状液滴，并依靠干燥介质（热空气、烟道气或惰性气体）与雾滴均匀混合，进行热交换和质交换，使水分汽化的过程。它具有干燥温度低、速度快、时间短；制品有良好的分散性和溶解性；产品纯度高；适宜于连续化生产等特点。红枣含糖量高达 76.3%，黏度大；转化糖含量较高，吸湿性强；适合使用喷雾干燥技术进行生产枣粉或枣多糖。党辉在速溶红枣粉加工工艺研究中发现，红枣汁在喷雾干燥前进行真空浓缩，有利于使固形物含量达到喷雾干燥的要求；而且进行红枣汁的喷雾干燥时，必须添加助干剂才能顺利进行喷雾干燥，助干剂以麦芽糊精效果最佳；确定试验参数为：以澄清红枣汁进行喷雾干燥时，可溶性固形物含量 30%，助干剂含量 60%，转速 12 000r/min，进风温度 180℃，料温 60℃；以混浊红枣汁进行喷雾干燥时，可溶性固形物含量 20%，不溶性固形物含量 2%，助干剂含量为 40%，转速 12 000 r/min，进风温度 160℃，料温 70℃。吴健将喷雾干燥的方法应用到制取大枣多糖中，制得了浸膏粉状性好、颜色浅、水分含量低的大枣多糖。

4. 枣的真空冷冻干燥技术

真空冷冻干燥技术现已从军需、航天及医药等领域大量应用到食品加工业，随着食品结构的多样化，冻干食品也逐渐拥有更广阔的市场。冷冻干燥与冷冻速度、真空度、干燥时的温度诸多因素有关。慢速冷冻形成较大的冰晶，快速冷冻形成较小的冰晶，慢速冷冻的干燥速率比快速冷冻的干燥速率快；真空度过低，将使传质速率降低，而真空度过高，将使热量传递速率降低，合适而足够的真空度既可缩短冷冻干燥时间，又可以保持枣原有的形状和风味。王旭通过对红枣浆冷冻干燥工艺的研究确定红枣的共晶点和共熔点分别为-32℃，-28℃；且表明：操作压力13.3～40Pa，枣浆浓度20%，装盘厚度8mm，预冻温度-35℃，升华温度低于-28℃，解析干燥温度40℃的条件下，可得到性状较好的红枣粉。此后，王锐平等也通过多次试验证实枣共晶点、共熔点分别为-32℃，-28℃；并发现枣浆在冻干过程中不加助干剂是很难冻干的，而添加20%的麦芽糊精可达到很好的助干效果，此结论与党辉在速溶红枣粉加工工艺研究中结论一致。最终通过测定维生素C含量的达到87.4%。表明冷冻干燥是一种比较好的枣粉加工方法。

枣粉加工工艺流程：

原料选择→清洗→浸泡→预煮→酶解→去皮、去核→微细化→干燥→枣粉

原料选择：应选用无虫害、无霉烂、变质的优质大红枣，用清水清洗干净，捞出沥干，再用温水浸泡2h（使其胀润即可）；预煮：把胀润的枣按1∶4的料水比例（按干枣计）煮至枣皮枣核脱去为止（约30min）；酶解：枣肉中含有果胶，致使枣皮、枣核难以除去，且出汁率低。而且在干燥过程中不利于水分的蒸发，使干燥速度变慢。为了降低枣浆的黏度，缩短干燥时间，在枣浆中加入果胶酶，同时还可提高出汁率，并能使色、香、味及

营养、有效物质迅速释放；去皮、核：用筛网除去皮、核，即可得到枣浆；微细化：将得到的枣浆经胶体磨处理，使其颗粒细微化，再经过高压均质机进行均质（进料温度 30～40℃，均质压力 20～25MPa），使枣浆中的颗粒进一步细微化；冷冻干燥：经添加了助干剂的枣浆装入冷冻干燥的料盘中，装盘厚度（4～8mm）置于冰柜中预冻 12h，使之完全冻结。再放入冷冻干燥机，先开启板冷阀，等物料的温度降到-45℃以下，保持 40min 关掉板冷阀，开启冷凝阀，将冷凝器的温度调至-40℃以下并保持 0.5h，开启真空泵，当压力降至 10Pa 后，提高板层温度开始升华，枣浆的温度始终控制在共晶点以下。当枣浆的温度明显上升，温度超过共晶点时，标志着升华干燥阶段快要结束，产品即将进入解析干燥阶段。板层温度慢慢地上升，当产品的温度上升到 0℃时，开启掺气阀，并将压力升高到 30MPa，当物料温度接近或达到板层温度时提高真空度，到温度上升到 40℃，冻干结束。

通过实验发现，枣浆在冻干过程中不加助干剂是很难冻干的，当在枣浆中加入 20%的麦芽糊精时，可以达到很好的助干效果。通过对大枣中维生素 C 含量的测定，确定冷冻干燥技术加工过程中，枣粉中维生素 C 的保留率比较高，可达 87.4%，是一种比较好的枣粉加工工艺。

5. 枣的微波干燥技术

微波干燥的基本原理是利用微波在快速变化的高频电磁场中与物质分子相互作用，被吸收而产生热效应，把微波能量直接转换为介质能，从而达到干燥的目的。微波膨化干燥与传统热风干燥相比，可以抑制褐变，更好地保存产品的颜色，且干燥更快、能效更高、产品品质更均一；与采用油炸膨化成的脆片相比，微波膨化含油率低、松脆可口，具有加热速度快、时间短、产品质量高、加热均匀等特点。但关于枣的微波干燥研究仍未见报道。

6. 枣的变温压差膨化干燥技术

变温压差膨化干燥又称爆炸膨化干燥（Explosion Puffing dring）、气流膨化干燥或微膨化干燥等，属于一种新型、环保、节能的非油炸膨化干燥技术。变温是指物料膨化温度和真空干燥温度不同，在干燥过程中温度不断变化；压差是指物料在膨化瞬间经历了一个由高压到低压的过程；膨化过程是通过原料组织在高温高压下的瞬间泄压时内部产生的水蒸气剧烈膨胀来完成，干燥是膨化的原料在真空（膨化）状态下抽除水分的过程。王荣梅等以半干枣为原料，对影响脆枣的因素进行研究发现，水分含量达22%、膨化温度95℃、膨化压力105kPa、停滞60min可得最佳膨化效果。生产所得脆枣不仅绿色天然、酥脆香甜，而且避免了传统油炸脆枣的含油量高、油脂裂变、保质期短等缺陷。

工艺流程：

原料→挑选→清洗→去核→预干燥→均湿→气流膨化→冷却→分级→称重→包装→入库

去核用人工或机械方法捅去枣核，并剔除虫害果。预干燥把枣平铺在烘箱的烘盘上，在60℃下干燥至一定的水分含量。枣经预干燥后，有的较干，有的较湿，水分分布不均匀。将原料装入塑料袋中并把口扎紧，置低温下均湿2d，使原料的水分分布基本达到一致。气流膨化的主要设备为一个压力罐和一个真空罐，真空罐的容积是压力罐的若干倍。将原料放入压力罐后，加热至一定的温度。当观察孔的玻璃板上有大量的水滴形成时，打开压力罐与真空罐之间的大流量阀门瞬间抽真空，使压力罐中的压力迅速降低，从而引起物料的膨化。当观察孔玻璃上凝聚的水滴大部分消失后，将阀门关闭，压力罐中的压力将逐渐升高至压差最大。如此反复几次后，观察孔上的凝聚的水滴将大量减少。

当从观察孔上看到原料膨化较好、色泽合适时停止加热，随后在压力罐的夹层壁中通入冷却水使物料温度降至室温。按产品的要求分级，分别包装，并充入氮气以防止氧化及在贮运过程中的挤压损伤。

当大枣预干燥后的水分含量为22%时得到最大的膨化度。水分含量过高并没有产生较好的膨化效果。如果水分含量过低，则没有足够的膨化动力，还会使产品发焦发煳，有苦味。

较高的温度会导致营养素的损失，加工过程中尽量不用高温。表中可以看出，高温容易使产品焦煳，影响外观与口感。但是操作温度过低会使水变成水蒸气的量不足以产生足够的膨化动力，产品较硬。综合考虑，操作温度控制在95℃较好。

在105kPa的压差下产品的膨化效果较好。在较高的压差下，会产生类似爆米花的形状，枣皮爆起，影响外观。压差过小，膨化动力不足，所以产品的膨化度小于1，终产品收缩发硬。

停滞时间过长，产品焦煳，有苦味。另外较长的停滞时间会使产品的营养成份损失较多。停滞时间过短，产品发硬，不酥脆。综合考虑，停滞时间应控制在60min较好。

中国枣加工业具有很大的发展潜力，新技术的广泛应用必将推动枣加工业的全面快速发展。中国枣资源丰富，只有发展深加工，由最大的枣果园变为最大的枣加工厂，才能增强枣在水果产业和世界范围内的竞争力，提高枣的附加值，从根本上解决千百万枣农的增收难题。采用先进的干燥技术（如变温压差膨化干燥、微波干燥等）开发新型的枣干制品（如非油炸空心酥脆枣等），或开发枣酒、枣汁和枣多糖等产品，可进一步丰富枣加工制品的种类，扩大枣加工产业的生产规模及销售范围。此外，枣的副产物枣核、枣皮也都含有丰富的功能性物质，需要进一步开发利用，如生产枣核油、色素等功能性食品。枣加工业逐渐成熟壮大，除了需加强技术和基础研究，保证工艺的标准化、生产自动化和品种多样化之外，还需要注意包装的精美化、管理的科学化和加快建立完善质量管理标准体系，保证产品安全卫生。相信随着经济的快速发展和科学技术的不断进步，枣制品一定能为追求科学营养、绿色食品的消费趋势做出贡献。

第四章　枣的保鲜贮藏技术

枣生产是农业特色产业之一，在农业生产中占重要位置。由于枣生产的季节性、地域性和多样性，使生产的淡、旺季很明显。枣是鲜活产品，组织柔嫩、含水量高、易腐烂变质、不耐贮运，采后极易失鲜、降低品质，从而使营养价值和商品经济价值降低或流失。为使人们获得枣的均衡供应，除了加强反季种植、周年茬口安排、促进栽培、选择品种、分期收获等栽培技术措施和采用设施栽培外，还要搞好采后贮藏和运输工作，以调节淡、旺季的供应，丰富市场枣的种类。对于生产者来说，做好枣的贮藏和保鲜是保证枣丰产丰收、减少损失、增加收入的重要手段，也是促进生产发展的有效措施。枣类（有生命的机体）的贮藏，应以维持其生命机体，减弱其呼吸作用，使其延长贮藏期。因此，一般保鲜采用控制温度、湿度和环境气体成分，其中以冷藏最为普遍。

第一节　保鲜贮藏原理

从种子发芽直至开花结果是从两个方面获得养分：一是地下部分，即靠发达的根系从土壤中吸收水分和无机成分；二是通过绿色部分，即主要是叶片利用光能与吸收的无机成分等一起合成复杂的有机化合物，这个过程叫作光合作用。枣采收以后，来自根部的养分供给完全中断了，地上残留部分也不能继续进行光合作用。但是，枣采收以后，仍然是一个有生命的有机体，继续进行一系列生理生化变化，使枣特有的风味进一步充分地显现出来，在色、香、味上更适合人们的需要，我们称作为后熟或呼吸作用。这个过程再继续进行，枣软化、解体，这就是衰老阶段。我们了解和认识枣的这些变化规律和它们对外界环境的要求，以便有效地调节、控制环境条件，达到保鲜保质，延长供应期的目的，才能获得最好的经济效益。

（一）呼吸作用

采收后的枣具有生理活动的重要标志是进行呼吸作用。呼吸作用是枣采收后最主要的代谢过程，它制约与影响其他生理生化过程。枣进行呼吸作用是在一系列酶的催化作用下，把复杂的有机物质逐步降解为 CO_2、水等简单物质，同时释放出能量，以维持正常的生命活动。可以说，没有呼吸作用，就没有枣的生命，没有枣的生命，也就谈不到贮藏保鲜了。我们了解枣呼吸作用的目的，就是想办法，采取措施，控制枣呼吸作用的进程，减缓贮藏的营养物质的消耗，达到保鲜保质、延长贮藏期的目的。

1. 有氧呼吸和无氧呼吸

（1）有氧呼吸（Aerobic respiration）。是指枣的生活细胞在 O_2 的参与下，将有机物（呼吸底物）彻底分解成 CO_2 和水，同时释放出能量的过程。

$$C_6H_{12}O_6+6O_2 \rightarrow 6CO_2+6H_2O+2\ 870.2kJ$$

呼吸底物：糖、脂肪和蛋白质，常用的呼吸底物是葡萄糖。

（2）无氧呼吸（Anaerobic respiration）。是枣的生活细胞在缺 O_2 的条件下，有机（呼吸底物）不能被彻底氧化，生成乙醛、酒精、乳酸等物质，释放出少量能量的过程。

酒精发酵：$C_6H_{12}O_6 \rightarrow 2C_2H_5OH+2CO_2+226kJ$

乳酸发酵：$C_6H_{12}O_6 \rightarrow 2CH_3CHOHCOOH+197kJ$

正常情况下，有氧呼吸是植物细胞进行的主要代谢类型，环境中 O_2 的浓度决定呼吸类型，一般高于 3%～5%进行有氧呼吸，否则进行无氧呼吸（图 4-1）。

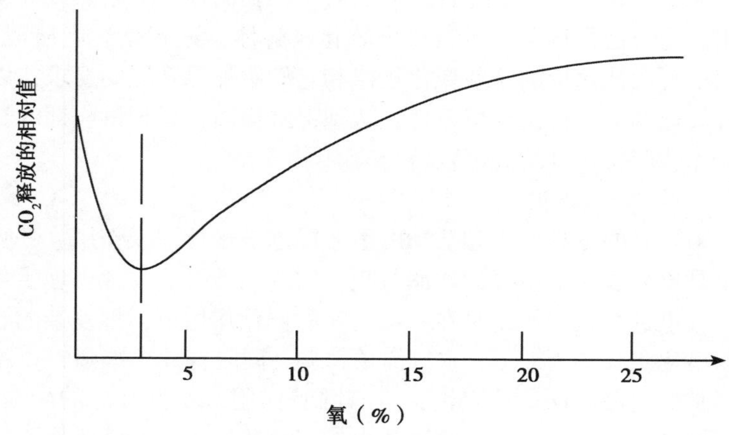

图 4-1　植物组织在氧浓度变化时释放二氧化碳变化曲线

无氧呼吸对贮藏不利的原因。一方面因为无氧呼吸所提供的能量比有氧呼吸少，消耗的呼吸底物多，加速枣的衰老过程；另一方面，无氧呼吸产生的乙醛、乙醇物质在枣中积累过多会对细胞有毒害作用，导致枣风味的劣变，生理病害的发生。所以，枣采后在贮藏过程中应防止产生无氧呼吸。

2. 与呼吸有关的几个概念

（1）呼吸强度（Respiration rate）。也称呼吸速率，指一定温度下，一定量的产品进行呼吸时所吸入氧气的或释放 CO_2 的量，一般单位用 O_2 或 CO_2mg（或 mL）/（kg · h）（鲜重）表示（表 4-1）。呼吸强度越高，呼吸越旺盛，贮藏寿命越短。

表 4-1　不同温度下各种枣的呼吸强度［CO_2mg/（kg · h）］

产品	温度					
	0℃	4~5℃	10℃	15~16℃	20~21℃	25~27℃
苹果	3~6	5~11	14~20	18~31	20~41	—

（续表）

产品	温度					
	0℃	4~5℃	10℃	15~16℃	20~21℃	25~27℃
秋苹果	2~4	5~7	7~10	9~20	15~25	—
甘蓝	4~6	9~12	17~19	20~32	28~49	49~63
草莓	12~18	16~23	49~95	71~62	102~196	169~211
菠菜	19~22	35~38	82~138	134~223	172~287	—
青香蕉	—	—	—	21~23	33~35	—
熟香蕉	—	—	21~39	27~75	33~142	50~245
荔枝	—	—	—	—	—	75~128

（2）呼吸商（Respiration Quotient，RQ）。也称呼吸系数，它是指产品呼吸过程释放 CO_2 和吸入 O_2 的体积比。

RQ＝释放的 CO_2 摩尔数（体积）/吸收的 O_2 摩尔数（体积）

RQ 主要指示呼吸底物的性质：

糖类为呼吸底物时 RQ＝1

$$C_6H_{12}O_6+6O_2 \rightarrow 6CO_2+6H_2O，RQ=6/6=1.0$$

脂肪酸、蛋白质（富含氢）为呼吸底物时 RQ<1

$$C_6H_{12}O_2+8O_2 \rightarrow 6CO_2+6H_2O，RQ=6/8=0.75$$

有机酸（富含氧）为呼吸底物时 RQ>1

$$C_4H_6O_5+3O_2 \rightarrow 4CO_2+H_2O，RQ=4/3=1.33$$

此外，RQ 还与环境供氧，脂糖转化等有关。无氧呼吸 RQ>1，呼吸商很大时，表明很可能发生了无氧呼吸。脂转为糖时 RQ<1 糖转为脂时 RQ>1。RQ 可以用来判断呼吸状态和呼吸底物类型。

（3）呼吸热（Respiration heat）。呼吸热是呼吸过程中产生的，除了维持生命活动以外而散发到环境中的那部分热量。每释放 1mg CO_2 相应释放近似 10.68J 的热量。呼吸热会使枣自身温度升高，贮藏中应尽量排出；环境温度低于产品要求时，可利用自身呼吸热进行保温。

（4）呼吸温度系数。在生理温度范围内，温度升高 10℃时呼吸强度与原来温度下呼吸强度的比值即为温度系数，用 Q_{10} 来表示，一般枣 $Q_{10}=2\sim2.5$。Q_{10} 反映了呼吸强度随温度变化的程度，Q_{10} 越大说明呼吸强度受温度影响越大；Q_{10} 受温度影响，枣产品的 Q_{10} 在低温下较大，因此枣采后应尽量降低贮运温度，并且要保持冷库温度的恒定。

3. 呼吸跃变

有一类果实从发育、成熟到衰老的过程中，其呼吸强度的变化模式是在果实发育定型之前，呼吸强度不断下降，此后在成熟开始时，呼吸强度急剧上升，达到高峰后便转为下降，直到衰老死亡，这个呼吸强度急剧上升的过程称为呼吸跃变（Respiration climacteric）（图 4-2）。

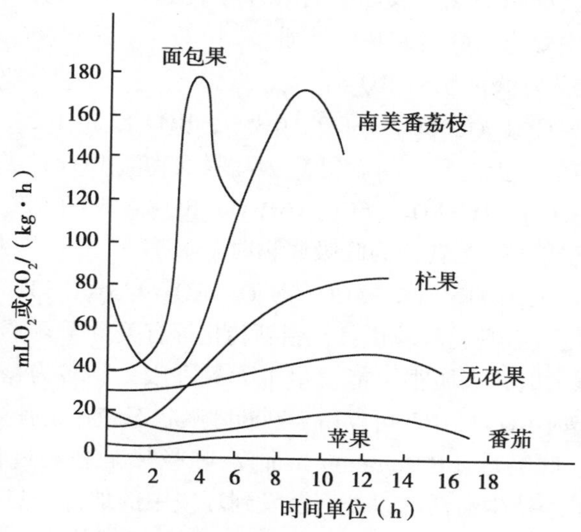

图 4-2　几种呼吸跃变型果实的呼吸强度变化曲线

（1）呼吸跃变型果实（respiration climacteric fruit）。呼吸跃变型果实，也称呼吸高峰型果实。此类枣在成熟期出现的呼吸强度上升到最高值，随后就下降。如苹果、梨、杏、无花果、香蕉、番茄等。

（2）非呼吸跃变型果实。采后组织成熟衰老过程中的呼吸作用变化平缓，不形成呼吸高峰，这类果实称为非呼吸跃变型果实。如柑橘、葡萄、樱桃、菠萝、荔枝、黄瓜等，枣属于非呼吸跃变型果实（图 4-3）。

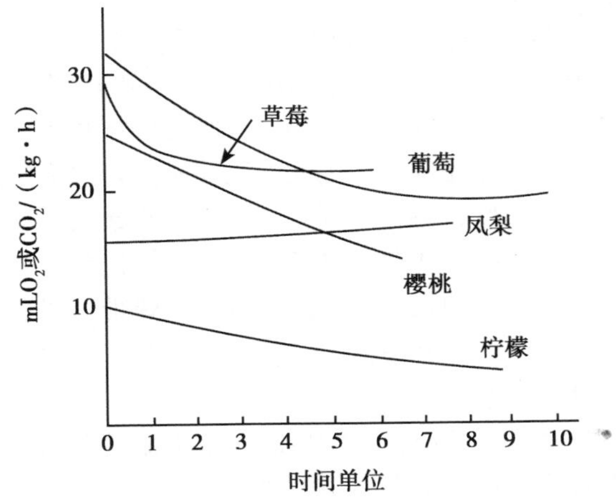

图 4-3　非呼吸跃变型果实呼吸强度变化曲线

4. 影响呼吸强度的因素

（1）种类与品种。

蔬菜：

生殖器官（花）>营养器官（叶）>贮藏器官（块根、块茎）

水果：

浆果（番茄、香蕉）>核果（桃、李）>仁果（苹果、梨）

对于同类产品来说：

晚熟品种>早熟品种

夏季成熟品种>秋冬成熟品种

南方生长>北方生长

枣同一器官不同部位其呼吸强度也有差异。

（2）成熟度。幼嫩组织呼吸强度高，成熟产品呼吸强度弱，但跃变型果实成熟时会出现呼吸高峰。块茎、鳞茎类蔬菜休眠期呼吸强度降至最低，休眠期后重新上升。

（3）温度。呼吸作用和温度的关系十分密切。一般地说，在一定的温度范围内，每升高 10℃ 呼吸强度就增加 1 倍，如果降低温度，呼吸强度就大大减弱。枣呼吸强度越小，物质消耗也就越慢，贮藏寿命便延长。因此，贮藏枣的普遍措施，就是尽可能维持较低的温度，将枣的呼吸作用抑制到最低限度。降低枣贮藏温度可以减弱呼吸作用，延长贮藏时间。但是，温度不是越低越好，而是有一定的限度。一般来说，在热带、亚热带生长的枣或原产这些地区的枣其最低温度要求高一些，在北方生长的枣其最低温度就低一些。

温度过高或过低都会影响枣的正常生命活动，甚至会阻碍正常的后熟过程，造成生理损伤，以致死亡。因此，在贮藏中一定要选择最适宜的贮藏温度。贮藏温度要恒定，因为温度的起伏变化会促使呼吸作用进行，增加物质消耗。如果使用薄膜包装，则会增加袋内结露水，不利于枣的贮藏保鲜。

在一定温度范围内，呼吸强度与温度成正比关系，0~10℃范围内温度变化对枣呼吸强度的影响较大；温度的波动会促进枣的呼吸作用；温度越高，跃变型果实呼吸高峰出现越早（图 4-4）。

（4）气体的分压（O_2、CO_2、乙烯）。环境气体成分大气一

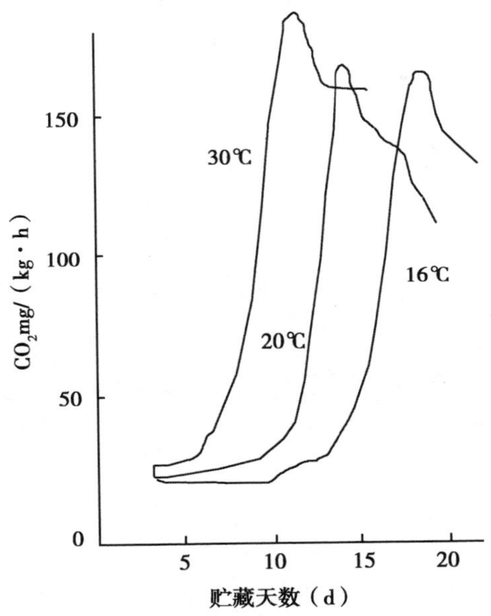

图 4-4　橡胶果实后熟过程中呼吸与温度的关系

般含 $O_2$21%、$N_2$78%、$CO_2$0.03%以及其他一些微量气体。在环境气体成分中，二氧化碳和由果实释放出来的乙烯对枣的呼吸作用有重大的影响。

O_2浓度高，呼吸强度大；反之，O_2浓度低、呼吸强度也低；O_2浓度过低会造成无氧呼吸，枣贮藏中 O_2浓度常在 2%~5%；CO_2浓度越高，呼吸代谢强度越低，但过高的 CO_2浓度会伤害枣，大多数枣适宜的 CO_2浓度为 1%~5%；乙烯能加速枣后熟衰老。适当降低贮藏环境中的氧浓度和适当提高二氧化碳浓度，可以抑制枣的呼吸作用，从而延缓枣的后熟、衰老过程。另外，较低温度和低氧、高二氧化碳也会抑制枣乙烯的合成并抑制已有乙烯对枣的影响（图 4-5）。

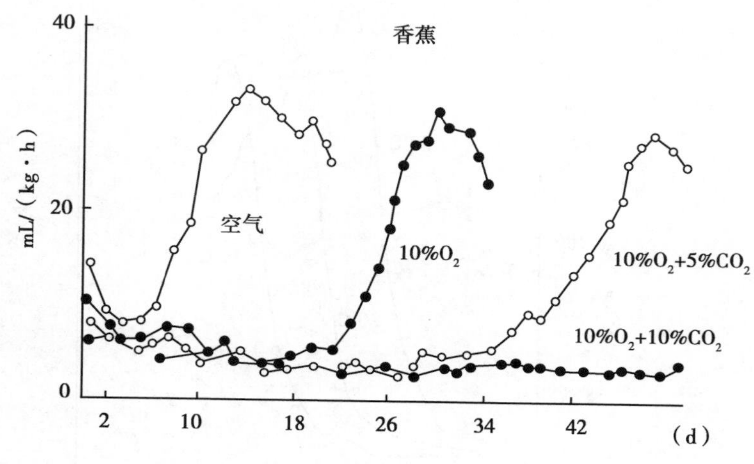

图 4-5　15℃下不同气体组合中香蕉对 O_2 的吸收量

（5）湿度。湿度一般来说，轻微的干燥较湿润更可抑制呼吸作用。枣种类不同，反应也不一样。例如，柑橘果实在相对湿度过高的情况下呼吸作用加强，从而使果皮组织的生命活动旺盛，造成水肿病（浮皮果）。所以对这类果实在贮藏前必须稍微进行风干。香蕉则不同，在相对湿度 80% 以下时，便不能进行正常的后熟作用。

（6）含水量。枣在水分不足时，呼吸作用减弱；含水量高的植物，在一定限度内的相对湿度越高，呼吸强度越小；在一定限度内，呼吸速率随组织的含水量增加而提高，在干种子中特别明显，如粮食含水量越高，呼吸作用越强。

（7）机械损伤。创伤呼吸（healing respiration）。枣的组织在受到机械损伤时呼吸速率显著增高的现象叫愈伤呼吸或称创伤呼吸。机械损伤是枣在采收、分级、包装、运输和贮藏过程中会遇到挤压、碰撞、刺扎等损伤。在这种情况下，枣的呼吸强度增强，损伤程度越高，呼吸越强。因而会大大缩短贮藏寿命，加速枣的后熟和衰老。受机械损伤的枣，还容易受病菌侵染而引起腐烂。因此，在采收、分级、包装、运输和贮藏过程中要避免枣受到机械损伤。这是长期贮藏枣的重要前提。

（8）其他。对枣采取涂膜、包装、避光等措施以及辐照和应用生长调节剂等处理均可不同程度地抑制产品的呼吸作用。化学调节物质主要是指植物激素类物质，包括乙烯、2，4-D、萘乙酸、脱落酸、青鲜素、矮壮素、维生素 B_9 等。植物激素、生长素和激动素对枣总的作用是抑制呼吸、延缓后熟。乙烯和脱落酸总的作用是促进呼吸、加速后熟。当然，由于浓度的不同和种类不同，各种植物激素的反应也是十分多样的。

5. 呼吸作用对枣贮藏的影响

（1）积极作用。

①提高枣耐藏性和抗病性：

耐藏性：在一定贮藏期内，产品能保持其原有品质而不发生明显不良变化的特性。抗病性：产品抵抗致病微生物侵害的特性。枣的耐藏性和抗病性依赖于生命。

②提供枣生理活动所需能量。

③产生代谢中间产物。

④呼吸的保卫反应：提供能量和底物，促进伤口愈合，抑制病原菌感染；有利于分解、破坏微生物分泌的毒素。

（2）消极作用。

①呼吸作用消耗有机物质。

②分解消耗有机物质，加速衰老。

③产生呼吸热：使枣体温升高，促进呼吸强度增大，同时会升高贮藏环境温度，缩短贮藏寿命。

（二）蒸腾作用

生物体内所进行的一系列生理生化变化都是以水为介质，即在水存在的条件下进行的。水在枣生长发育过程中是一直处在不断的变化中的。一方面，枣的根系不断从土壤中吸收水分；另一方面，体内的水分又不断从地上部分尤其是叶片蒸腾出去。水分不断地吸收转移和蒸腾，也就促进了枣对养分的吸收和转移。但是，采收后的枣，切断了水源，但未中止水分蒸腾。这样，新鲜的枣就会因此减少重量，造成直接的损失，而且还会使枣的光泽消失，出现皱缩，失去高品价值。若不控制和调节贮藏环境中的相对湿度，还会出现某些生理病害，如柑橘枯水、苹果裂果、梨的干把儿以及某些微生物病害。

蒸腾作用，指植物水分从体内向大气中散失的过程。与一般水分蒸发不同，植物本身对其有很大影响。

1. 失重和失鲜

失重：自然损耗，包括水分和干物质的损失，常用失重率来衡量（表 4-2）。

失鲜：产品质量的损失，表面光泽消失，形态萎蔫，失去外观饱满、新鲜和脆嫩的质地，甚至失去商品价值。

表 4-2　几种水果在贮藏中的失重率

水果种类	温度（℃）	贮藏时间（周）	失重率（%）	相对湿度（%）
香蕉	12. 8~15. 6	4	6. 2	85~90
伏令夏橙	4. 4~6. 1	5~6	12. 0	88~92
甜橙（暗柳）	20	1	4. 0	85
番石榴	8. 3~10. 0	2~5	14. 0	85~90
荔枝	约 30	1	15~20	80~85
杧果	7. 2~10. 0	2. 5	6. 2	85~90
菠萝	8. 3~10. 0	4~6	4. 0	85~90

失重对代谢和贮藏的影响。

（1）引起产品失重，降低品质。

（2）破坏枣正常的代谢过程。

（3）降低耐贮性和抗病性，但部分枣采后适度失水可抑制代谢，延长贮藏期。

2. 影响蒸腾失水的因素

（1）枣产品自身因素。

品种特性：不同品种的果皮组织的厚薄不一，果皮上所具有的角质层、果脂、皮孔的大小也都不同，因而具有不同的蒸腾特性。

表面积比：表面积比大，失水快。

表面保护结构：气孔、皮孔多，失水快；表皮层（角质层、蜡层）发达利于保水。

机械损伤：加速失水。

细胞持水力：原生质亲水胶体和固形物含量高的细胞利于细胞保水；细胞间隙大，加速失水。

（2）环境因素。

空气湿度：相对湿度越大，失水越慢。总的来说，随着枣成熟度的提高，其蒸腾速度变小。这是因为随着枣的成熟其果皮组织的生长发育逐渐完善，角质层、蜡层逐步形成，枣的蒸腾量就变小。但是，有些品种采收后，随着后熟的进展还有蒸腾速度快的趋势，如木瓜和香蕉等。

温度：温度越高，失水越快，温度的波动易导致结露现象。枣的蒸腾作用与温度的高低密切相关（表 4-3）。高温促进蒸腾，低温抑制蒸腾，这是贮藏运输各个环节强调低温的重要原因之一。

空气流动：空气流动越快，失水越快。蒸腾作用的水蒸气覆盖在枣表面形成蒸发面，可以降低蒸气压差，起到抑制蒸腾的作用。如果风吹散了水蒸气膜，就会促进蒸腾作用。

气压：真空度越高，失水越快。

表 4-3　不同种类的枣随温度变化的蒸腾特性

类型	蒸腾特性	水果	蔬菜
A 型	温度降低，蒸腾量急剧下降	柿子、橘子、西瓜、苹果、梨	马铃薯、甘薯、洋葱、南瓜、胡萝卜、甘蓝
B 型	温度降低，蒸腾量下降	无花果、葡萄、甜瓜、板栗、桃、枇杷	萝卜、花椰菜、番茄、豌豆
C 型	与温度关系不大，蒸腾强烈	草莓、樱桃	芹菜、芦笋、茄子、黄瓜、菠菜、蘑菇

3. 控制枣蒸腾失水的措施

（1）降低温度。迅速降温是减少枣蒸腾失水的首要措施。

（2）提高湿度。直接增加库内空气湿度或增加产品外部小环境的湿度，但高湿度贮藏时注意防止微生物生长；贮藏环境的相对湿度是影响枣蒸腾作用的直接原因。在贮藏中湿度的管理是一个十分重要的因素。贮藏环境的相对湿度越大，枣中的水分越不容易蒸腾。因此，采用泼水、喷雾等方法保持库房较高的相对湿度可以抑制枣的蒸腾，以利保鲜。

（3）控制空气流动。减少空气流动可减少产品失水。

（4）蒸发抑制剂的涂被。包装、打蜡或涂膜。

（5）包装。包装对于贮藏、运输中枣的水分蒸发具有十分明显的影响。现在常用的瓦楞纸箱与木箱和筐相比，用纸箱包装的果实蒸发量小。若在纸箱内衬塑料薄膜，水分蒸发可以大大降低。果实包纸、装塑料薄膜袋、涂蜡、保鲜剂等都有防止或降低水分蒸发的作用。

（三）成熟与衰老

生理成熟（maturation）：果实生长的最后阶段，在此阶段，果实完成了细胞、组织、器官分化发育的最后阶段，充分长成时，达到生理成熟，也称为“绿熟”或“初熟”。

完熟（ripening）：果实停止生长后还要进行一系列生物化学变化逐渐形成本产品固有的色、香、味和质地特征，然后达到最佳的食用阶段。

衰老（senescence）：由合成代谢的生化过程转入分解代谢的过程，从而导致组织老化、细胞崩溃及整个器官死亡的过程。果实中最佳食用阶段以后的品质劣变或组织崩溃称为衰老。

1. 枣采后的生理生化变化

（1）叶柄和果柄的脱落。

（2）颜色的变化。

（3）组织变软、发糠。

（4）种子及休眠芽的长大。

（5）风味变化。

（6）萎蔫。

（7）果实软化。

（8）细胞膜变化。

（9）病菌感染。

2. 乙烯与枣成熟衰老的关系

激素是调节枣成熟的重要因素，乙烯是对枣成熟作用最大的植物激素。枣乙烯的合成受基因控制（图 4-6）。

（1）乙烯生物合成的调节。

①乙烯对乙烯生物合成的调节：乙烯对乙烯生物合成的作用具有二重性，跃变型枣可自身催化，非跃变型枣可自我抑制。

②逆境胁迫刺激乙烯的产生：胁迫因素包括机械损伤、高温、低温、病虫害、化学物质等，逆境因子提高 ACC 合成酶的活性。

③Ca^{2+} 调节乙烯产生：钙处理可降低果实的呼吸强度和减少乙烯的释放量，并延缓果实的软化。

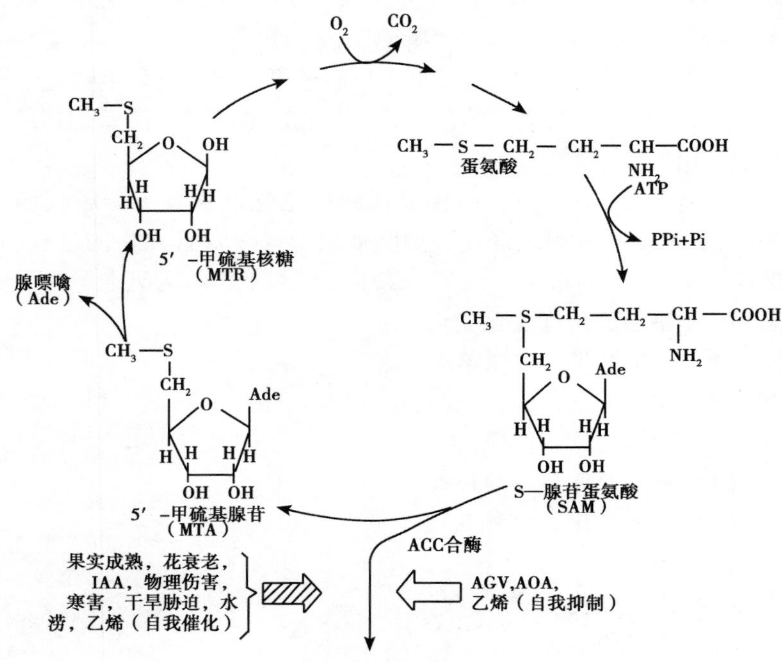

图 4-6　乙烯生物合成途径

阴影箭头指促进作用，空白箭头指抑制作用

④其他植物激素对乙烯合成的影响。

（2）跃变型果实和非跃变型果实的区别。跃变型果实和非跃变型果实在内源乙烯的产生和对外源乙烯的反应上有显著差异（图 4-7）。

①两类果实中内源乙烯的产量不同（完熟期内）：

跃变型果实——内源乙烯产生量多，且乙烯量变化幅度大。

非跃变型果实——内源乙烯一直维持在低水平，没有上升现象。

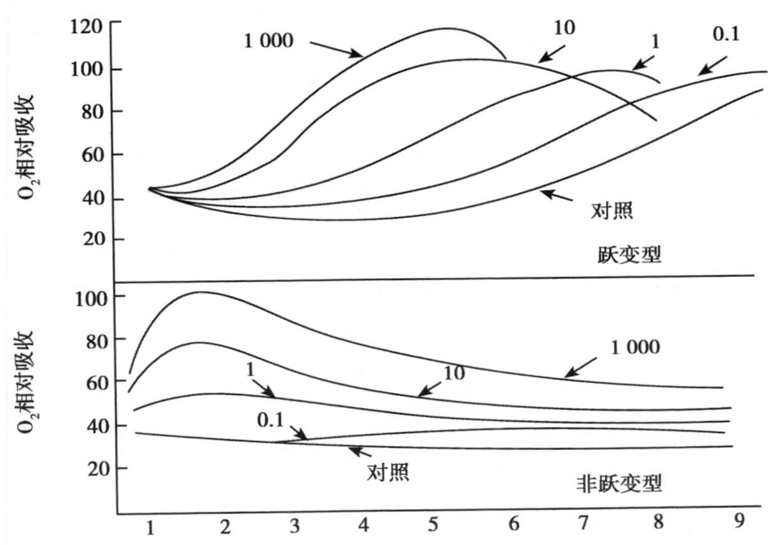

图 4-7　不同浓度的乙烯对跃变型果实和非跃变型果实呼吸作用的影响

②对外源乙烯的刺激不同：

跃变型果实——只在跃变前期处理才有作用，可引起呼吸上升和内源乙烯的自身催化，且反应不可逆。

非跃变型果实——任何时候处理都可以对外源乙烯发生反应，但除去外源乙烯后呼吸恢复到处理前水平（可逆）。

③对外源乙烯浓度的反应不同：

跃变型果实——提高外源乙烯浓度，呼吸跃变出现的时间提前，但不改变呼吸高峰强度。

非跃变型果实——提高外源乙烯浓度，可提高呼吸高峰强度，但不能提早呼吸高峰出现的时间。

（3）乙烯的产生系统。植物体内有两套乙烯合成系统（表4-4）。

系统Ⅰ：所有植物生长发育过程中都能合成并释放微量的乙烯；

系统Ⅱ：跃变型果实在完熟期前期合成并大量释放乙烯，既可随果实的自然完熟产生，也可被外源乙烯所诱导。

表 4-4　乙烯因子与呼吸模式的关系

	跃变型果实	非跃变型果实
内源乙烯水平	变化，由低至高	低
对外源乙烯的反应	只在呼吸上升前有反应	采后整个时期都有反应
对外源乙烯反应的大小	与浓度无关	是浓度的函数
自身催化	显著	无

（4）贮藏运输过程中对乙烯以及成熟的控制。

①控制适当的采收成熟度。

②防止机械损伤。

③避免不同种类枣的混放。

④乙烯吸收剂（高锰酸钾）的利用。

⑤控制贮藏环境条件（低温、低 O_2、高 CO_2）。

⑥利用臭氧和其他氧化剂破坏乙烯。

⑦使用乙烯受体抑制剂 1-MCP。

⑧利用乙烯催熟剂促进枣成熟。

3. 其他植物激素对枣成熟衰老的影响

脱落酸（ABA）、生长素、赤霉素、细胞分裂素。

第二节　鲜枣采后生理变化

（一）生理变化

1. 抗坏血酸氧化酶（AAO）

AAO 是一种含铜的酶，位于细胞质或其与细胞壁结合，与其他氧化还原反应相偶联，起末端氧化酶的作用，它能催化抗坏血酸的氧化，因此是影响维生素 C 变化的主要酶之一，在生物体内物质代谢中具有重要的作用。果实采后 AAO 活性变化呈先降后升趋势，与维生素 C 变化呈负相关。冬枣由点红向全红转化过程中果肉中 AAO 活性呈上升趋势。果肉和果皮 AAO 活性在枣果全红时达到高峰，但果皮 AAO 活性总体变化幅度较小，果肉组织中的 AAO 活性明显高于果皮组织。

2. 果胶甲酯酶（PE）

PE 的功能是催化脱除半乳糖醛酸羧基上的甲醇基，进而有利于 PG 分解多聚半乳糖醛酸链。由于 PG 是以脱甲醇基的多聚半乳糖醛酸作为对象，因此 PE 的活动是 PG 活动的必要前提。随着果实的成熟衰老，PE 活性增强，因此 PE 被认为是对果实软化具有一定的调节作用。枣果在贮藏过程中，不溶性果胶含量下降和 PE 活性上升呈显著负相关，因此，PE 被认为是冬枣软化的关键性酶。寇晓虹也观察到枣果软化与 PE 活性呈负相关。随着枣果硬度下降，PE 活性呈缓慢上升的趋势。但也有研究表明 PE 与果实的完熟软化关系并不十分密切。一些学者发现在桃果实成熟软化过程中，原果胶不断减少，而可溶性果胶甲酯化程度基本保持在 75%左右。据此推断 PE 可能与果实成熟软化关系并不密切，它可能只是参与了与果实软化有关的细胞壁代谢的其他方面。

3. 脂氧合酶（LOX）

LOX 是催化细胞膜脂脂肪酸发生氧化反应的主要酶之一，也是启动细胞膜脂过氧化作用的主要因子。生吉萍等研究发现，番茄果实成熟过程中，LOX 活性增强，果实硬度下降。外源 LOX 溶液处理果实组织后，细胞很快呈衰老状，细胞膜开始破裂。罗云波等研究表明 LOX 可促进细胞膜透性增加，陈昆松报道猕猴桃果实的软化与 LOX 活性密切相关。

4. 过氧化物酶（POD）

POD 是参与木质素合成的关键酶之一。果皮 POD 活性在枣果半红时明显上升，达到峰值后下降。果皮 POD 活性明显高于果肉组织，这对促进果皮木质素的合成起到一定作用。李红卫等认为果肉中 POD 活性在冬枣全红时达到高峰，酒化时果肉与果皮中 POD 活性均下降，而 H_2O_2 的积累可诱导 POD 活性提高。

5. 果实褐变

枣是一种高呼吸强度的果实，在缺氧条件下，会迅速转入无氧呼吸，产生大量乙醇并促进果实变质。王春生等气调试验证明了多种鲜枣品种在没有 CO_2 的条件下，用 1.5% O_2 贮藏鲜枣，贮后解剖观察和品尝相应的脆果好果，没有发现果肉有褐变和异味现象。此外，他们还证明了 O_2 浓度高于 21% 对于鲜枣贮藏保鲜不利。李红卫等认为，冬枣果肉组织的褐变与细胞内酚类物质、PPO 的区域性分布及乙醇含量有关。据测定，冬枣全红果酒化时乙醇含量为 0.103%，褐变指数为 0.75，未酒化果实乙醇含量为 0.053%，褐变指数为 0.38。因此，尽管在鲜枣贮藏过程中，乙醇含量不断积累并在软化时达到高峰，但枣果果肉组织细胞内积累 CO_2，造成果肉细胞中毒、衰老和死亡，可能进一步加剧了果肉组织细胞内乙醇的积累，而并非缺氧发生无氧呼吸产生乙醇导致果肉软化褐变。研究还发现，不适宜的贮温也是造成果实褐变的原因之一。

张婷等为了筛选适宜的阿克苏灰枣贮藏温度，设置 0℃、-1℃和 -2℃ 3 个温度，从贮藏温度与阿克苏灰枣采后呼吸强度、乙烯释放量、硬度、可溶性固形物含量、维生素 C 含量及果肉细胞膜透性等关系进行试验。结果发现，-2℃条件下贮藏阿克苏灰枣的果实硬度、可溶性固形物含量和维生素 C 含量均高于其他 2 个温度条件下的；且该温度条件下贮藏的灰枣果实相对电导率在整个贮期一直处于较低的水平，表明其细胞膜还未受到破坏；从贮藏效果看，-2℃条件下贮藏的灰枣果实在整个贮期失水率和转红率较低，好果率和脆果率较高。为了进一步探究阿克苏灰枣贮藏的临界温度，将继续降低温度对其进行观察和研究。

颉敏华等以灵武长枣采后鲜果为试材，于不同贮藏条件下系统研究了其呼吸、乙烯释放、耗氧、失水及适宜贮温等特性，以期为灵武长枣贮藏保鲜措施制定提供依据。结果表明，八成熟灵武长枣在常温贮藏过程中，随贮藏时间延长，有呼吸高峰出现，乙烯释放呈双峰型；灵武长枣在果面完全着色时有呼吸升高和乙烯释放增加现象，灵武长枣可能为跃变型果实。灵武长枣采后耗氧迅速，极易失水，0℃恒温能显著延缓其后熟进程，保鲜期较常温延长21d。研究发现，控制环境低温，提高相对湿度和加强通风透气是灵武长枣贮藏保鲜的必要条件。

胡波以鄂北冬枣为材料，对果实采后低温贮藏过程中相关酶活性与果实硬度进行相关分析、通径分析和灰色关联分析。分析结果表明，各相关酶活性与硬度的相关程度依次为：PG、SOD、CAT、PME、POD，对果实硬度的贡献率大小依次为：PG、CAT、SOD、PME、POD，与果实硬度的关联度顺序为PME、SOD、PG、CAT、POD。综合分析结果表明，PG、CAT、SOD的活性为果实贮藏过程中主要的酶，在贮藏过程中对果实软化衰老起重要作用。

（二）采前准备

鉴于以上变化，我们可以在采前做如下一些准备，使其货架期延长。

1. 预冷

预冷是在贮藏或装运之前将枣进行预先降温处理，以便除去枣的田间热，减少贮藏运输中枣发热腐烂。贮藏前的预冷效率，不同种类和品种的枣是不同的，只有在某一种枣采收后呼吸高峰发生之前，尽可能的彻底预冷才能得到理想的贮藏效果。经过预冷的枣，一般不应放回到常温中去，否则枣的生理生化发生变化。

2. 防霉防腐

在适宜的贮藏条件下，应用防腐保鲜药剂处理，可以有效地抑制损耗。特别是对于适宜贮藏温度较高的枣种类，在适宜低温贮藏下结合应用防腐保鲜药剂，可以大大提高商品质量，延长贮藏寿命。

3. 防腐杀菌剂

20世纪70年代初期，我国曾应用多菌灵和日本进口的甲基托布津加2，4-D防止柑橘腐烂和脱蒂，效果明显。用亚硫酸氢钠和重亚硫酸钠加硅胶做成小药袋与葡萄混装，防霉效果也很显著。随后，许多新药如苯莱特、特克多、伊迈哇等陆续引进。国内也成功地仿制了特克多、苯莱特等。近年来，使用的高效低毒杀菌剂主要是多菌灵、托布津、甲基托布津、苯莱特、抑霉唑、特克多、唆苯哒唑、克菌灵、仲丁胺系列等，对防止柑橘、苹果、香蕉、桃等果品和番茄、黄瓜等蔬菜的腐烂效果显著。使用乙氧基唑或二苯胺乳状液喷包果纸包苹果，对防止苹果的虎皮病有显著效果。在葡萄贮藏中，使用适量的二氧化硫气体，或用亚硫酸氢钠、焦亚硫酸钾（钠）和葡萄保鲜片等，都可抑制微生物的活动，起到防腐保鲜的效果，在枣的贮藏上，大家可以一试。

4. 防止生理衰老药物

乙烯脱除剂：在贮藏中将果实释放的乙烯排出，则能延缓其成熟度衰老过程，延长贮藏寿命。常用的乙烯脱除剂是将饱和高锰酸钾吸附在蛙石、珍珠岩、碳分子筛、沸石或碎砖块等载体上，装入塑料袋，用时将塑料袋扎数个小孔，放入枣中。

脱氧剂：通过药物化学反应消耗包装容器内的氧，防止含油脂食品如花生仁、饼干、糖果等氧化变质，早已被应用。应用于鲜柿脱涩则是近年研究者的试验，颇有特色。方法是将无病虫害和机械伤、已经转色的脆柿装入不透气的塑料薄膜袋中与脱氧剂一同密封，在20~30℃室温下4~6d可脱涩，并保持脆硬质地；如在0℃冷库中，可贮藏1~2个月，涩味逐渐脱除并保持脆硬。脱氧剂的配制成分：10份铁粉（10~50目）加1~10份氯化钠等盐混合物和5~20份氢氧化钙等，充分混合后制成小包。一般用量为0.1%~1.0%。

二氧化碳吸收剂：在枣贮藏环境中二氧化碳积累过多，往往会引起枣生理伤害。例如，二氧化碳过多会使苹果、鸭梨等果肉、果心褐变。因此，在生产中要脱除环境中的二氧化碳，可采用气调机或硅窗等。而应用二氧化碳吸收剂也是一种有效的方法。二氧化碳吸收剂的配制：主要用氢氧化钙、氢氧化钠、氧化钙等，制成粉末放入透气小包中，再与枣一同混装于薄膜袋中，加入量一般为1%~3%。

5. 高二氧化碳处理

试验和实践证明，在贮藏前对枣用高二氧化碳预处理，可以取得良好的保鲜效果。由于短时间的高二氧化碳处理，有效地降低枣的呼吸强度，抑制乙烯的释放，延缓果胶物质的水解，同时可以抑制叶绿体的解体，推迟和抑制了枣呼吸高峰期的出现，对于延长枣贮藏期有较好的效果。例如用20%~25%二氧化碳处理草莓，可延长贮藏期15d左右。对不同种类和品种的枣，首先应先进行试验，找出处理的最适宜浓度和时间，以免发生伤害。

6. 干燥处理

贮藏前的干燥处理，目的是为了有效地抑制枣的呼吸和水分散发，使贮藏后的枣因生理活动而消耗的营养成分降低到最低限度，从而尽可能保持枣在贮藏期间的鲜度和品质。例如柑橘采收后果皮含水分较多，经过干燥处理，使柑橘果皮散失部分水分，果皮有弹性，减少机械损伤。在进行干燥处理时，应掌握干燥处理的程度，要根据干燥处理时的温度高低和风速来确定干燥处理的时间。

第三节　影响枣果保鲜贮藏的因素

（一）自身因素

1. 品种

选择适宜贮存的鲜食冬枣品种十分关键。据统计，我国有鲜枣品种 749 个，冬枣鲜食品种 56 个，晚熟品种 27 个。大量发展的冬枣品种除沾化冬枣外，还包括薛城冬枣、蒙阴雪枣、长乐冬枣等几个品种，因产地和品种特性的差异，其贮藏寿命也存在差异，口感和品质也不同，市场价格差异较大，在采收时要注意区别，并根据具体情况掌握。一般晚熟品种较早熟品种耐贮，抗裂果品种、小果形品种或大果形中果肉较疏松的品种耐贮。

2. 成熟度

冬枣在成熟过程中，颜色、风味及营养成分都会发生一系列的变化。成熟度是果实采收的一个重要指标，也是影响冬枣贮藏保鲜的主要因素之一。枣的成熟度按皮色、肉质变化情况可划分为白熟期、脆熟期和完熟期 3 个阶段。

白熟期的果实果皮叶绿素大量减少，果肉呈绿白色或乳白色，果实重量不再增长，冬枣在这一时期已有良好的食用品质，可溶性固形物高达 25%，并含有丰富的维生素 C。

脆熟期的果实果皮由梗洼、果肩开始逐渐着色转红，此时期果实鲜艳，果肉呈绿白色或乳白色，果胶物质已由原果胶分解为果胶，使果肉质地变脆，汁液增多，此时食用品质极佳。脆熟期的果实又可分为初红果（25%着色）、半红果（50%着色）和全红果（100%着色）3 种类型。

完熟期的果实含糖量达到最高值，芳香物质大量合成，果皮渐变为紫红色，果柄和果实连接的地方开始转黄，果肉由原来的绿白色转变为乳白色，近核处成为黄褐色，质地从近核处开始逐渐向外变软，有些果实还有酒味，此时枣果已失去商品价值。

冬枣成熟期在 10 月 5—15 日前后，因此在采收时最好分期分批进行，保证入贮果实有均匀的成熟度，并在枣果脆熟期以前完成为宜。为降低采后田间热，采摘工作宜在早晨或傍晚气温低时进行。

鲜枣采收成熟度与贮藏寿命有密切的关系。一般从初红开始，成熟度越低越耐贮藏，保鲜期随着成熟度的提高而缩短，全红果（果面着色 75%至点绿）较耐贮藏，完红果（果面 100%红）耐贮性很差。然而，成熟度不足时，枣果内的有机酸和糖分尚未完全转化，贮后品质不佳，同时，因果皮保护组织发育不健全，易失水，从而不耐贮藏。所以用于贮藏保鲜的枣果，应兼顾耐贮性和食用品质，选择适当的采收成熟度。目前大部分保鲜枣果采摘成熟度以半红期为宜。

吴强等从七成熟、八成熟、九成熟、十成熟这 4 个不同成熟度的灵武长枣贮藏过程的生理活性和贮藏效果入手，寻找到灵武长枣的最佳采收时间。试验采用 KDZ 保鲜剂处理+微孔保鲜膜包装，室温贮藏，对比不同成熟度灵武长枣生理活性与室温贮藏效果。结果表明，不同成熟度枣果，其贮藏特性不同。适宜的成熟度对延缓贮藏过程中枣果水分的散失，维持枣果的品质、风味，降低乙醇的生成，防止酒化，延长贮藏期都有明显的效果。灵武长枣的采收期应以八成熟度为宜，可适时早采。

3. 水分

水分是果实发育不可缺少的物质，也是细胞原生质的重要组成部分。冬枣含水量在白熟期为 60%左右，全红期为 45%左右。冬枣果肉一旦失水难以保持鲜脆状态，品质明显下降。因此，在冬枣的贮藏及运输过程中，必须采取有效措施将枣果失水量减少到最低限度。

4. 温度

温度是影响鲜枣贮藏寿命最主要的环境因素。研究表明，一定温度范围内，温度越低贮藏效果越好。低温能有效抑制果实的呼吸作用，0℃时枣果的呼吸强度比20℃时低一半多；低温能减缓果实水分的蒸腾速率和抑制微生物活动，延缓果实的衰老进程，减少腐烂，延长果实贮藏期。成熟度高的鲜枣应适当降低温度，不应与初红期、半红期的鲜枣在同一温度环境内贮藏。当贮藏温度低于冰点时，枣果会发生冻伤，减少维生素C损失，抑制酒化作用，降低糖分的呼吸消耗。

庄青以沾化冬枣为试材，研究了热水处理对枣保鲜效果的影响，结果发现热水处理可以杀灭冬枣中的潜伏病菌，显著降低冬枣腐烂的发生，同时还可显著抑制冬枣的呼吸强度，延缓冬枣硬度和维生素C含量和好果率的下降和果肉乙醇乙醛含量的上升，从而可起到延缓冬枣衰老和品质下降的作用。适宜的热水温度及处理时间为50℃ 6min，处理果在（0±0.5）℃下贮藏后好果率为82%，而对照的好果率只有7%，处理和对照之间的差异极显著。

5. 呼吸作用

呼吸作用是枣采后最主要的生理活动。不同呼吸跃变型的果实在成熟时内源乙烯生成以及对外源乙烯的反应上均有所不同。明确果实的呼吸类型，有助于对果实成熟衰老机理的深入研究。多数研究表明，冬枣属于非跃变型果实，具有很高的呼吸强度，可代谢消耗大量的内含物，致使枣果品质迅速下降。因此，可通过低温、氧气调节等措施使冬枣维持最微弱的呼吸状态，同时为延长贮期，还要避免出现强烈的无氧呼吸。

6. 采收方法

采摘是影响贮藏效果的关键工序。由于冬枣皮薄肉脆，极易在摘果和搬运中形成内伤果，贮藏前难以分辨，贮藏中常易引发枣腐烂。因此，采收时严禁用竹竿敲打、摇树。用来长期贮藏的枣果，采前也不宜喷乙烯利。采收方式最好是人工逐个带果柄采摘，原因是果柄受伤也会增强枣的呼吸强度，愈伤效果不好者也易造成腐烂。采收后应轻拿轻放，放入有软衬垫的容器内。

7. 果实完整性

冬枣果实的虫伤、病伤、挤压伤以及果柄是否完整等都直接影响其贮藏时间。不完整的枣果因为有伤口而使本身的生理机能发生变化，呼吸强度增加，物质消耗加速，同时伤口处极易被微生物侵染造成霉烂，影响贮藏时间及质量。用人工采摘，可防止果皮划伤和压伤，能明显延长冬枣贮藏时间。

8. 植物激素作用

乙烯、脱落酸等是果实加速成熟的物质，对果实长期贮藏保鲜会产生不利的影响。而赤霉素、萘乙酸及1–甲基环丙烯（1–MCP）等对乙烯、脱落酸有拮抗作用。合理使用植物生长调节剂，不但可以减轻落果，同时对延长着色和采收期以及采后贮藏保鲜都能起到一定的作用。

9. 食品添加剂

食品添加剂的种类很多，按照来源可分为天然食品添加剂和化学合成食品添加剂，按用途可分为防腐剂、抗氧化剂、着色剂、发色剂、漂白剂、香精香料、食用色素、调味剂、增稠剂、乳化剂、膨松剂、酶制剂等。

（1）防腐剂。防腐剂能抑制微生物的活动，达到保藏食品的作用。防腐剂有苯甲酸钠、山梨酸、山梨酸钾、对羟基苯甲酸乙酯等，杀菌剂有漂白粉、漂白精、过氧醋酸等氧化性杀菌剂以及亚硫酸及其盐类的还原性杀菌剂。

（2）抗氧化剂。抗氧化剂能有效地防止氧化酸败导致的食品败坏。抗氧化剂有油溶性的，如丁基羟基茴香醚、二丁基羟基甲苯、没食子酸丙酯、生育酚混合浓缩物等，水溶性的抗氧化剂有L-抗坏血酸、L-抗坏血酸钠等。

（3）发色剂与漂白剂。发色剂及发色助剂有亚硝酸钠、硝酸钠、硝酸钾、L-抗坏血酸、烟酰胺等，具有发色、抑菌和增强风味的作用。主要在肉制品加工中使用，但必须严格控制用量。漂白剂有二氧化硫、无水亚硫酸钠、亚硫酸钠、焦亚硫酸钠等，它能破坏或抑制食品的发色、使色素褪色或使食品免于褐变。

（4）调味剂。

鲜味剂：谷氨酸钠，5-肌苷酸钠。

酸味剂：柠檬酸、乳酸、酒石酸、苹果酸、醋酸、磷酸等。

甜味剂：糖精、甘草、甜叶菊苷、二氢查耳酮、罗汉果、甘茶叶素等。

（5）增稠剂和乳化剂。增稠剂有淀粉、琼脂、明胶、海藻酸钠、羧甲基纤维素钠、果胶、魔芋粉等。乳化剂有单硬脂酸甘油酯、大豆磷酯、山梨糖醇脂肪酸酯、脂肪酸蔗糖酯等。

（6）食品加工助剂。食品加工助剂以消泡、助滤和吸附为目的。如用丙二醇充分溶解色素、精油、树脂及其他难溶解的有机物，用甘油溶解色素、食用香精、防腐剂、抗氧化剂等。助滤剂有活性碳、硅藻土、高岭土。消泡剂有乳化硅油等。

（7）强化剂。强化剂以增强和补充食品中的营养素为目的。有蛋白质、氨基酸、维生素、无机盐及微量元素等。食品强化必须以供给量标准为依据。

（8）香精香料。使用赋香剂是为了改善或增强食品的香气和香味。食用香精分为水溶性和油溶性两大类。常用的天然香精有甜橙油、橘子香油、留兰香油、桂花浸膏等。合成的有香兰素、柠檬醛、苯甲醛、麦芽酚等。

（9）膨松剂。碱性膨松剂如碳酸氢钠、碳酸氢铵，复合膨松剂是由碱性碳酸盐类和酸性物质及淀粉、脂肪等组成的。钾明矾是枣加工中传统使用的添加剂。

（10）酶制剂。从生物中提取的酶制品称为酶制剂。酶制剂广泛的应用于食品加工中。目前，在食品中应用的酶制剂已有60多种，如淀粉酶、蛋白酶、果胶酶、葡萄糖异构酶、纤维素酶、脂肪酶等。随着食品工业的发展，酶制剂在食品工业中的应用将会更加广泛。

（11）碱性剂和酸性剂。碱性剂和酸性剂有无水碳酸钠、碳酸钠、氢氧化钠、氢氧化钙、盐酸等，它们具有水解、中和、保持脆度、提高持水性、凝固蛋白质、去果皮、囊衣等作用。

（12）食用色素。食用色素以食品着色为目的。不少食用天然色素是人们的饮食成分，有的还具有一定的营养成分或药理作用。食用天然色素有红曲色素、紫胶色素、甜菜红、姜黄、β-胡萝卜素、叶绿素铜钠、焦糖等。食用合成色素有苋菜红、胭脂红、柠檬黄、靛蓝等，必须根据国家的有关规定使用。

（13）目前化学药剂的研究主要侧重于提高药效，降低残留，即不仅追求其活性和效果，而且也要求对环境和人体健康的副作用小。同时注重药剂的合理配用，以提高防腐保鲜效果。由于农药残留问题，我国已开始转向天然保鲜剂的研究。从当前的发展情况来看，枣防腐保鲜剂的研究在向天然、安全、有效的方向发展。

防腐保鲜剂的主要类型如下。

①吸附型防腐保鲜剂：主要用于清除贮藏环境中的乙烯，降低氧气含量，去除过多的二氧化碳，抑制枣成熟。主要有乙烯吸收剂、吸氧剂和二氧化碳吸附剂。

②溶液浸泡型防腐保鲜剂：这类保鲜剂主要制成水溶液，通过浸泡达到防腐保鲜目的。该类药剂能够杀死或控制枣表面或内部的病原微生物，有的还可以调节枣代谢。

③熏蒸型防腐剂：指在室温下能够挥发，以气体形式抑制或杀死枣表面的病原微生物，而其本身对枣毒害作用较小的一类防腐剂。如二氧化硫释放剂、仲丁胺、二氧化氯等。

（二）环境因素

1. 贮藏温度

一般随贮藏温度的升高，枣果的老化进程加快。因此，在一定的外界条件下，温度越低贮藏效果越好，但低于冰点温度时会产生冻伤。一般半红枣的冰点在-2.4℃左右，初红枣高于此值，全红枣低于此值，所以不同成熟期的冬枣应分别贮藏。

2. 环境湿度

冬枣属鲜食品种，极易失水，将其置于适宜的湿度条件下，控制果肉水分散发是贮藏保鲜的关键措施，适宜冬枣贮藏的湿度为90%~95%。

3. 环境气体

在低 O_2浓度下，冬枣鲜果的呼吸强度较低，有利于贮藏保鲜。同时，鲜枣对 CO_2比较敏感，适当降低 CO_2浓度，也能明显降低果实呼吸强度，延缓成熟期。

4. 环境中的微生物

研究发现，机械碰伤是造成果实腐烂的最主要原因；其次是生理腐烂，由微生物繁殖而造成的果实腐烂所占比重很小，但也不可轻视。生产中为了防止各种病菌的侵染，多采用采前喷药和贮期灭菌等方法加以控制。

第四节　简易保鲜贮藏技术

（一）简易贮藏保鲜

简易贮藏包括沟藏、堆藏和窖藏等形式，其原理是利用自然温度来调节贮藏温度，特点是结构简单、费用低，但受自然环境影响大，不易控制，处理不当，往往会造成大量损耗。

通风库是利用自然低温通过通风换气控制贮温的贮藏形式，其特点是投资低，无须特殊设备，管理方便，但通风库仍然是依靠自然温度调节库温，库温的变化随自然温度的变化而变化，不附加其他辅助设施，很难维持理想的贮藏温度，温度调节范围有限，贮藏初期常不能达到要求的低温，劳动强度大，产品干耗也大。

（二）分类

鲜枣经脱水干制后，称为红枣。用于贮藏的红枣，要干燥适度，没有破损、没有病虫，色泽红润、大小整齐。红枣含糖量较高，具有较大的吸湿性和氧化性，因此贮藏期间应尽量降低贮藏温度和湿度。低温是减少枣果中维生素 C 损失的主要手段，干燥不利于微生物的生长繁殖。

红枣在贮藏期间，除了湿度过大会引起发酵变质和生霉腐烂以外，米蛾、麦蛾、谷盗等害虫，也都会危害红枣。此外，还应该注意防鼠。

1. 北方贮藏法

大批量贮存时，采用麻袋码垛贮藏。码垛时，袋与袋之间、垛与垛之间要留有通气的空隙，以利通风。墙壁多少有些湿气，垛不要离墙壁太近。

2. 南方贮藏法

南方地区高温多湿气，霉暑季节应冷库贮藏。红枣用麻袋包装，贮于 5℃ 左右的库房中。出冷库前，要移至温度稍高处过渡，逐步移到库外。为防止水汽在枣果上冷凝成水珠，不要马上重新装袋，而要摊晾，等冷凝水珠消失，再换袋包装外运。

少量红枣可用稻壳灰贮藏。在地面上撒干稻壳灰约 1cm 厚，摊一层红枣，再撒稻壳灰盖满红枣，再摊一层红枣。这种贮藏法能防潮、杀菌，枣粒干燥，效果较好。

第五节　机械制冷保鲜贮藏技术

冷藏又称低温贮藏，是指在0℃或略高于冬枣冰点的适宜低温环境条件下对冬枣进行贮藏的方法。这种贮藏方式不受自然条件的限制，可进行周年贮藏，从而保证了冬枣的淡季供应。应用冷藏方法可有效地抑制冬枣呼吸强度，降低病原菌的发生率和果实的腐烂率，从而达到阻止组织衰老、延长贮藏期的目的。但冷藏中要注意根据冬枣的生理特性，严格控制温度，采用最适宜的贮藏温度，同时在低温贮藏期间要逐步降温，以减轻或避免冷害和冻害。近年来，在冷库建筑、装卸设备自动化等方面得到了一定的改进。在冷库建筑方面主要有单层高货架自动化冷库，以适应冷库自动技术的发展。前几年还出现了电子计算机控制的自动化冷库。

低温贮藏的优点：成本低，简单易行，储存时间长。

低温贮藏的缺点：保鲜度差、干耗大、能耗高、使用时需要复温等。

（一）冷藏

1. 冷藏库的分类

冷藏库按用途性质不同可分为以下几种。

（1）生产性冷库（主要建在货源较为集中的产区，用于冷却加工或冷藏）。

（2）分配性冷库（主要建在消费中心，长期贮藏经冷加工的食品）。

（3）混合性冷库（兼有生产性和分配性冷库的特点）。

按使用温度要求不同可分为以下几种。

（1）高温冷库，一般温度为0~10℃，主要冷藏果品、蔬菜等。

（2）低温冷库，一般温度为-30～-18℃，主要冷冻并冷藏肉类、水产品类等。

（3）空调库，一般温度为10～15℃，常温下贮藏米、面、药材、酒类等。

按冷藏库容量可分为以下几种。

（1）大型冷库（5 000t 以上）。

（2）中型冷库（1 500～5 000t）。

（3）小型冷库（1 500t 以下）。

按库体结构及建造方式的不同可分为以下几种。

（1）土建。

（2）装配库。

2. 冷藏库的使用与管理

（1）开机与开机前的准备。开机前应先检查机组各阀门是否处正常开机状态，检查冷却水水源是否充足，接通电源后，根据要求设定温度。冷库的制冷系统一般是自动控制的，但在第一次使用时应先开冷却水泵，运转正常后再逐一启动压缩机。

（2）运转管理。制冷系统正常运转后要注意以下几点：一是听设备在运转过程中是否有异常声音；二是看库内温度是否下降；三是摸吸排气冷热是否分明，冷凝器冷却效果是否正常。

（3）枣的采收与库内堆放要求。用于冷藏的水果、蔬菜都应是质量上佳、在适宜的成熟度时采收，不带机械伤，检查剔除病伤个体，并尽量进行预冷和冲洗。冷藏的枣必须进行合适的包装，并在库内成条成垛有序堆放，垛条与垛条、垛条与墙及顶之间要留有一定空间，底部最好用架空的垫板垫起，以便冷气尽快通达。每天的出入库数量宜控制在总库容的20%以内，以免库温波动过大。

（4）换气和除霜。枣在贮藏过程中会释放一些气体，累积到一定程度会使藏品生理失调，变质变味。因此，在使用过程中要经常通风换气，一般应选择在气温较低的早晨进行。另外，冷库在使用一段时间后蒸发器就会结上一层霜，不及时清除会影响制冷效果，除霜时，要盖住库内藏品，用扫帚清扫积霜，注意不能硬敲。

王振辉等根据大枣的贮藏要求，将热泵低温干燥与机械冷藏两种不同的贮藏方式有机结合，开发了热泵干燥与冷藏保鲜技术。为此，对热泵干燥与冷藏保鲜技术和系统做了详细介绍。该系统可以降低运行费用，提高设备利用率，具有显著的节能环保效果。为了探讨冬枣冷害发生的温度以及不同低温下冬枣的冷害程度，确定冬枣最佳的贮藏温度，防止贮藏过程中冷害造成的损失，进行了相关实验研究。将冬枣分别在-0.5℃、-1.5℃、-2.0℃、-2.5℃、-3.0℃下贮藏，测定贮藏过程中冬枣的冷害指数、各项营养指标和生理指标的变化。结果表明，随着温度的降低，冬枣的冷害程度加剧，其中-0.5℃处理组在整个贮藏过程中均未出现冷害症状；-1.5℃处理组仅在贮藏末期90d时出现个别的冷害症状；-2.0℃、-2.5℃、-3.0℃处理组在贮藏的中后期均出现冷害症状，其中-3.0℃处理组细胞膜透性、MDA含量、乙醇含量和PPO活性显著高于其他处理组，总酚含量显著低于其他处理组，冷害症状最为严重。

冬枣贮藏期间极易褐变、软化和腐烂，维生素C也大量损失，因此研究冬枣的保鲜技术有重要的现实意义。冰温贮藏可以使枣在较低的温度下细胞组织不受伤害，且大幅度地降低呼吸强度，从而延长枣的贮期。付坦采用冰温技术保鲜冬枣，并将冰温技术与其他保鲜技术相复合，以期延长冬枣的保鲜期；另外，还进行了冰温贮藏后的复醒实验，以期为冬枣冰温贮藏提供配套技术。研究结果如下：不同成熟度冬枣的冰点及冰点调节剂对白熟期冬枣冰点的影响。冬枣（白熟期）的冰点是-2.7℃；实验发现，冬枣的冰点与其可溶性固形物含量之间有良好的负相关关系，回归方程为 $y=-0.1567x+0.6561$；氯化钙是冬枣较好的冰点调节剂，当用3%的氯化钙处理冬枣30min后，可以使冬枣的冰点由-2.7℃降低到-3.2℃。以冬枣为实验材料，研究了冰温贮藏对冬枣品质的影响。冰温贮藏比冷藏能更好地延缓枣果的成熟与衰老。在贮藏第75d，经冰温贮藏冬枣的好果率比冷藏的值提高了25.33%。实验结果说明，冰温保鲜技术对冬枣品质的良好保持有一定的作用。低温驯化处理对冬枣冰温贮藏过程中品质的影响。结果表明，冰温贮藏前低温驯化处理可提高枣果的好果率，降低冬枣的转红指数，延缓硬度的下降速度，减少维生素C的损失，降低呼吸强度。在贮藏90d时，经低温驯化处理比未经处理的冬枣的好果率提高了49.57%，在贮藏45d时，经低温驯化处理比未经此处理的冬枣维生素C含量高42.13%。这说明将低温驯化处理与冰温技术相结合的贮藏工艺，对冬枣的保鲜效果更佳。不同的保鲜剂对冬枣冰温贮藏过程中生理生化品质的影响。与冰温贮藏相比，800mg/kg的纳他霉素与3%的氯化钙处理可明显提高冬枣贮藏期的好果率，延缓果实硬度下降，减少维生素C的损失，并保持较高的过氧化物酶（POD）和超氧化物歧化酶（SOD）活性。在贮藏的第90d，纳他霉素与氯化钙处理的冬枣的硬度分别为21.59kg/cm^2、18.73kg/cm^2，而冰温贮藏的硬度为16.72kg/cm^2，差异达显著水平（$P<0.05$）。这说明在冬枣保鲜中，当将保鲜剂处理与冰温贮藏相结合时，更有利于冬枣品质的保持。冬枣经冰温贮藏60d后，阶段升温的出库方式对冬枣货架期品质的影响。结果表明，阶段升温的出库方式可以提高冬枣的品质，减少冬枣软化变红，降低枣果维生素C损失，保持了冬枣过氧化氢酶（CAT）的活性，抑制过氧化物酶（POD）活性的升高，其中保鲜柜的阶段升温的出库方式更有利于延缓冬枣的衰老，对冬枣的保鲜效果更佳。

(二) 速冻冷藏

枣速冻保藏：是将经过处理的枣原料采用快速冷冻的方法使之冻结，然后在-20～-18℃的低温中保藏的过程。速冻贮藏是近年研究推出的一种冻藏保鲜方式。通过速冻，使冬枣在短时间内迅速冻结，最大限度地保持了其营养成分，即在-40～-35℃环境中，30min 内快速通过-5～-1℃的最大冰结晶生成带，40min 内将食品中 95%以上的水分冻结成冰。其主要缺点是：食用或销售时需要提前 1～2d 解冻；解冻后的枣果宜及时食用；冻贮的枣果在远销运输中需要在冷贮链条件下进行。它是当前枣加工保藏技术保存风味和营养素较为理想的方法。速冻冻藏虽是近几年才应用到枣贮藏保鲜中的一种方法，由于其结冰冰核小，对细胞的损害小，配合使用合适的解冻方法可以使冬枣的保鲜期大大延长，并且能够有效地保护冬枣的外观品质、营养成分以及独特的口感。该技术不仅可以解决贮藏冬枣的长期保鲜问题，并且可以为冬枣加工制品提供时时、充足的原材料，对带动冬枣产业的迅速发展具有重要的意义。为此，利用不同的速冻和冻藏温度组合处理，研究冻藏期间冬枣品质的变化，为冬枣的速冻冻藏技术提供理论依据。

应用本项技术，将冬枣经过适宜的冷冻处理后，可在低温条件下保鲜贮藏 1 年以上。冷冻贮藏抑制了枣的生命代谢活动，减少了失水，可以长时间、最大限度地保存果实的营养成分和鲜食风味。经过长期冷冻储藏的枣，解冻后仍然果实饱满、颜色鲜艳、果肉脆甜。维生素 C 保存率达 89%，腐烂率低于 1%。贮藏后果实不变形，果肉不变色，平均感官品质可达到贮藏前的 80%～95%。水分和可溶性固形物含量保存率不低于 95%。其贮藏果实不使用任何化学物质或放射性物质处理，可以周年供应市场。速冻贮藏的优点：保存时间长，能贮藏几个月不坏果，不变质；处理工厂化，能将大批枣果分批速冻，连续入库贮存；能够随时出库，随时解冻销售和食用。速冻贮藏的缺点：欲食用，需提前 1~2d 解冻；解冻后要及时食用，否则 24h 后品质会有所变化；冻储枣果在远途运输中需要在冷储链条件下进行。

加工工艺流程如下：

原料选择→预冷→清洗→去皮→切分→烫漂→沥干→快速→冷冻→包装

郭衍银等为研究冻藏期间冬枣品质的变化。他们利用-70℃对冬枣进行速冻后，采用-40℃、-18℃、-10℃和-4℃进行冻藏，就不同冻藏时期冬枣的品质特性变化进行研究。结果表明，-70℃速冻后，合适的冻藏温度为-18℃和-40℃，-40℃冻藏能使冬枣的保鲜期在 10 个月以上，而-18℃冻藏能保鲜冬枣 6 个月以上。所以说速冻冻藏能有效维持冬枣的品质特性，如延缓含水量、可溶性糖、维生素 C 和有机酸含量的下降，保持较高的硬度和延缓花青素含量的升高。

第六节　减压保鲜贮藏技术

减压贮藏又称低压贮藏、降压贮藏，它是在冷藏和气调贮藏的基础上进一步发展起来的一种特殊的气调贮藏方法。有研究认为，减压贮藏主要是创造了一个低氧条件，从而达到类似气调贮藏的作用。减压贮藏是将枣置于密闭容器内，抽出容器内部分空气，使内部气压降到一定程度，同时经压力调节器输送新鲜湿空气，使整个系统不断地进行气体交换，以维持贮藏容器内压力的动态恒定和保持一定的湿度环境。由于降低了空气的压力，也就降低了空气中氧气的浓度，从而能够降低冬枣的呼吸强度，并抑制乙烯的生物合成。低压条件可延缓色素的分解，抑制类胡萝卜素和番茄红素的合成，减缓淀粉的水解、糖的增加和酸的消耗等过程，以此延缓枣的成熟和衰老，达到贮藏保鲜目的。减压贮藏的优点：经济，节能；操作灵活，使用方便，按实际需要调节开关；可进行超长期贮藏保鲜；具有快速降氧，快速真空降温和快速排出有害气体成分的特点，避免了有害气体对枣果的毒害，延缓了衰老进程。

减压贮藏的缺点：减压贮藏的建筑费用比普通冷藏和气调贮藏都高；减压贮藏换气频繁，产品易失水萎蔫，需要增设加湿装置；果实等经减压贮藏后，芳香物质损失较大，很易损失原有的香气和风味。

减压处理。将预冷 48h 的冬枣分别装入 5 个真空干燥器，每处理 3. 0kg，用 SHB－Ⅲ型循环水真空泵抽真空使压力分别达到 101. 3kPa（对照，即常压）、80. 1kPa、60. 7kPa、40. 5kPa 和 20. 3kPa（下称 101. 3kPa、80. 1kPa、60. 7kPa、40. 5kPa 和 20. 3kPa 处理），24h 后压力分别回升到 101. 3kPa、83. 5kPa、65. 5kPa、47. 0kPa 和 30. 0kPa，以后每 24h 抽真空使其达到各处理压力。真空干燥器下部装入 2% $CaCl_2$ 防冻结加湿水。每次测定时各处理随机取 0. 5kg，所有操作及贮藏均在（0±0. 5）℃冷库中进行。按上述处理再重复 6 次，分别在 0℃、－1℃、－2℃、－3℃、－4℃和－5℃贮藏 90d，观察冷害情况，调查失重率。张有林等以冬枣为材料，研究低温、减压、臭氧对冬枣贮藏期间生理生化变化的影响，确定冬枣贮藏的适宜条件。结果表明，减压和臭氧均能降低呼吸速率，抑制淀粉酶和抗坏血酸氧化酶活性，减缓淀粉和抗坏血酸降解速度，抑制霉菌孢子繁殖，防止果实腐烂，保持果实硬度。减压还可减缓冷害发生，使用较低的贮藏温度。经正交试验，在高湿、－2℃和 40. 5kPa 压力条件下，每隔 10d 用 300mg/m^3 O_3处理 0. 5h，冬枣可贮藏 140d。

庄青以沾化冬枣为试材，研究了减压处理对枣保鲜效果的影响，结果发现温度在－0. 5～0. 5℃，大气压力在 0. 035～0. 045MPa 条件下，减压处理有效地抑制了枣果硬度和维生素 C

含量的下降，降低了呼吸强度，抑制了糖含量的增加；贮藏结束时 1 天换 1 次空气处理与对照效果相当，好果率均为 12%，而 2 天和 3 天换 1 次空气处理则有明显的保鲜效果，好果率分别为 40%和 63%，明显高于对照和 1 天换 1 次空气处理；对照软果率高达 80%，有浓郁的酒味，而减压处理的枣果均无软化现象，说明减压处理能够显著延缓冬枣的酒软衰老；但减压处理的枣果霉变率却极大地高于对照果，且霉变率随换气次数的增多而增高，1 天换 1 次空气处理的枣果霉变率最高，为 88%，3 天换 1 次空气处理的枣果霉变率最低，为 37%；由于换气周期不同，贮藏结束时冬枣的品质有很大差异。3 天换 1 次空气处理的冬枣，呼吸强度最低，糖含量增加和硬度、维生素 C 下降最缓慢，好果率最高，保鲜效果最好。

马涛等以冬枣为原料，采用变温压差膨化干燥技术，探讨了预干燥时间、抽空时间、膨化温度、抽空温度、停滞时间和膨化压力对冬枣膨化产品硬度、脆度、色泽和水分含量的影响。结果表明：膨化温度、抽空温度和抽空时间是影响产品膨化质量的关键因素；冬枣预干燥 6h 后，膨化温度 85℃，抽空温度 60℃，抽空时间 2h 为较适合工艺参数；停滞时间和膨化压力差在一定范围内对膨化产品的质量影响不大，实验确定停滞时间 15min，膨化压力差 0. 2MPa 为较适合工艺参数。

第七节 气调保鲜贮藏技术

由于呼吸要消耗枣采摘后自身的营养物质，所以延长枣贮藏期的关键是降低呼吸速率。贮藏环境中气体成分的变化对枣采摘后生理有着显著的影响：低氧含量能够有效地抑制呼吸作用，在一定程度上减少蒸发作用和微生物生长；适当高浓度的二氧化碳可以减缓呼吸作用，对呼吸跃变型枣有推迟呼吸跃变启动的效应，从而延缓枣的后熟和衰老。乙烯是一种枣催熟剂，控制或减少乙烯浓度对推迟枣后熟是十分有利的。降低温度可以降低枣呼吸速率，并可抑制蒸发作用和微生物的生长。采用气调贮藏法能有效地抑制枣的呼吸作用，延缓衰老（成熟和老化）及有关生理学和生物化学变化，达到延长枣贮藏保鲜的目的。因此，近20年来气调贮藏保鲜技术已成为世界各国所公认的一种先进的枣贮藏方法。我国山东、陕西、河南、北京、河北、辽宁、广东、福建等地近年来已先后建立了气调综合冷藏库。自1918年英国科学家发明苹果气调贮藏法以来，气调贮藏在世界各地得到普遍推广，并成为工业发达国家果品保鲜的重要手段。美国和以色列的柑橘总贮藏量的50%以上是气调贮藏；新西兰的苹果和猕猴桃气调贮藏量为总贮藏量的30%以上；英国的气调贮藏能力为22.3万t。

气调贮藏简称CA，是指在特定的气体环境中的冷藏方法。正常大气中氧含量为20.9%，二氧化碳含量为0.03%，而气调贮藏则是在低温贮藏（温度一般控制在1~10℃范围内，湿度一般控制在80%~95%范围内）的基础上，调节空气中氧、二氧化碳的含量，即改变贮藏环境的气体成分，降低氧的含量至1%~10%，提高二氧化碳的含量到1%~10%，这样的贮藏环境能保持枣在采摘时的新鲜度，减少损失，且保鲜期长，无污染；与冷藏相比，气调贮藏保鲜技术更趋完善。新鲜枣在采摘后，仍进行着旺盛的呼吸作用和蒸发作用，从空气中吸取氧气，分解消耗自身的营养物质，产生二氧化碳、水和热量。它利用机械设备，人为地控制气调冷库贮藏环境中的气体，实现果蔬保鲜。气调库要求精确调控不同果蔬所需的气体组分浓度及严格控制温度和湿度。温度可与冷藏库贮藏温度相同，或稍高于冷藏的温度，以防止低温伤害。气调与低温相结合，保鲜效果（色泽、硬度等）比普通冷藏好，保鲜期明显延长。我国气调贮藏库保鲜正处于发展阶段。自 1978 年在北京建成我国第一座自行设计的气调库以来，广州、大连、烟台等地相继由国外引进气调机和成套的装配式气调库，用来保鲜苹果、猕猴桃、洋梨和枣等。

（一）气调保鲜的分类

目前常用的气调方法有如下 4 种：塑料薄膜帐气调、硅窗气调、催化燃烧降氧气调和充氮气降氧气调。

（1）塑料薄膜帐气调法。利用塑料薄膜对 O_2 和 CO_2 有不同渗透性的原理来抑制枣在贮藏过程中的呼吸作用和水蒸发作用的贮藏方法。塑料薄膜一般选用 0.12mm 厚的无毒聚氯乙烯薄膜或 0.075～0.2mm 厚的聚乙烯塑料薄膜。由于塑料薄膜对气体具有选择性渗透，可使袋内的气体成分自然地形成气调贮藏状态，从而推迟枣营养物质的消耗和延缓衰老。对于需要快速降 O_2 的塑料帐，封帐后用机械降 O_2 机快速实现气调条件。但由于枣呼吸作用仍然存在，帐内 CO_2 浓度会不断升高，应定期用专门仪器进行气体检测，以便及时调整气体成分的配比。塑料薄膜帐气调法也称 MA 气调贮藏保鲜和 MA 自发气调保鲜，广泛应用于新鲜枣菜等保鲜，并以每年 20%的速度增长。气调包装系指根据食品性质和保鲜的需要，将不同配比的气体充入食品包装容器内，使食品处于适合的气体中贮藏，以延长其保质期。

（2）硅窗气调法。根据不同品种的枣及贮藏的温湿度条件选择面积不同的硅橡胶织物膜热合于用聚乙烯或聚氯乙烯制成的贮藏帐上，作为气体交换的窗口，简称硅窗。硅胶膜对 O_2 和 CO_2 有良好的透气性和适当的透气比，可以用来调节枣贮藏环境的气体成分达到控制呼吸作用的目的。选用合适的硅窗面积制作的塑料帐，其气体成分可自动衡定在 O_2 含量为 3%～5%；CO_2 含量为 3%～5%。它的方法是在贮藏室内，使枣果始终处在恒定的低压、低温、高湿和新鲜空气的贮藏环境中，让枣果的代谢活动降至最低点，长期地保持鲜脆状态。从生产实践看，如果采用减压贮藏设施辅以液体保鲜剂贮藏冬枣，其贮藏效果应优于 FACA 气调库贮藏法。

许牡丹等以冬枣为试材，在常温条件下（18~20℃），研究了硅窗袋对冬枣的贮藏保鲜效果．定期统计其转红指数、腐烂指数和软果率，同时测定硬度、维生素 C、总糖、总酸及乙醇含量等指标的变化。分析表明，硅窗袋自发气调达不到冬枣贮藏保鲜的效果，且硅窗面积设置越大，冬枣的失水也越严重，关于硅窗用于枣保鲜方面还有待进一步研究。

许牡丹等还研究硅窗气调对灵武长枣贮藏中生理变化的影响，用不同的硅窗对灵武长枣处理，结果表明，使用 5m×5m 的硅窗袋进行气调，可以有效地保持灵武长枣的硬度以及维生素 C 含量，且能有效抑制乙醇的产生。经过这样处理的灵武长枣，其保质期可达到 90d 以上，好果率在 94%。

（3）催化燃烧降氧气调法。用催化燃烧降氧机以汽油、石油液化气等燃烧与从贮藏环境中抽出的高氧气体混合进行催化燃烧反应，空气中氮气不参加上述反应，H_2O 是蒸汽状态的水，可用冷凝法排出，反应后无氧气体再返回气调库内，如此循环，直到把库内气体含氧量降到要求值。当然这种燃烧方法及枣的呼吸作用会使库内 CO_2浓度升高，这时可以配合采用二氧化碳脱除机降低 CO_2浓度。

（4）充氮气降氧气调法。从气调库内用真空泵抽除富氧的空气，然后充入氮气，这两个抽气、充气过程交替进行，以使库内氧气含量降到要求值，所用氮气的来源一般有两种：一种用液氮钢瓶充氮；另一种用碳分子筛制氮机充氮，其中第二种方法一般用于大型的气调库。上述气调方法应用时应根据具体使用要求选择。如小批量、多品种的枣气调贮藏保鲜，宜用塑料薄膜帐或硅窗薄膜帐；大批量、整进整出、单一品种的枣气调则宜用整库快速降氧气调库。

（二）气调保鲜技术的特点

（1）在气调库内储藏的果蔬，储藏时间较长，一般比普通冷藏库长 0.5～1.0 倍，用户可灵活掌握出库时间，抓住销售良机，创造最佳经济效果。

（2）出库后的枣保持原有的鲜度及脆性，枣的水分、维生素 C 含量、糖分、酸度、硬度、色泽、重量等与新采摘状态相差无几，枣质量高，具有市场竞争力。有研究表明，经过气调库贮藏的枣的失水率可比普通冷藏的枣的失水率减少 1/5。

（3）气调库内储藏的果蔬，在出库后有一个从“休眠”状态向正常状态转化的过程，使果蔬出库后的摆架期可延长 21～28d，是普通冷藏库的 3～4 倍。

（4）气调保鲜库创造的是一种低氧环境，这种低氧环境可抑制果蔬霉菌的生长及病虫害的发生，使果蔬的重量损失减少至最小。

（5）对于一般高温冷库难以储藏的果蔬，如猕猴桃、枣等均能达到极佳的储藏效果。

（三）枣气调贮藏保鲜的工艺条件

气调贮藏保鲜的工艺条件是指保证贮藏物质的质量最好、贮藏期最长的最佳库内气体成分。正确地利用气调贮藏保鲜技术就可以延缓枣衰老、保持水果的硬度、保持蔬菜的绿色、减轻或缓解枣的某些生理失调、控制枣虫害的发生。但若工艺条件不合理，就会对贮藏的枣产生有害的影响。如过低的 O_2浓度会引起马铃薯黑心症状；O_2分压低于 1%时，由于发酵作用会使枣失去原有的风味，这些都称为 CA 伤害，由此可见确定枣气调贮藏保鲜工艺条件是气调贮藏成功与否的关键。不同品种的枣对气体成分的要求不同。实际上，气调贮藏保鲜技术的应用有一定的局限性，不是任何枣品种都能气调贮藏，如差次品质的枣经过气调贮藏不会变成优等品；贮藏后无经济效益或经济效益甚差的枣不要气调贮藏，这是发展气调贮藏的价值观念。另外，气调贮藏保鲜的效果还需要有相关技术配套，如枣品种、质量的选择，采摘后枣的快速预冷，贮藏容器的标准，贮藏的堆垛技术，出库后的分选、包装，出入库的运输等。所以枣气调贮藏保鲜技术在我国还属新生事物，它的发展和推广还需要得到社会经济和技术方面的支持。

（四）气调库的气密性要求和施工技术

整库的气调方式，不管是土建式气调库还是装配式气调库都有一个气密性要求，如果库体气密性不能达到一定要求，则库内就无法维持低 O_2、高 CO_2 的气调成分，也就达不到气调贮藏保鲜的目的。气调库的气密程度直接反映了气调库设计、施工的质量，气调库施工结束后进行验收时比一般高温库的验收多一个气密性的测试。气密性验收标准，现在国内行业中一般认为库内正压 25mm 水柱，半压降时间不少于 30min 可视为合格。气调库要达到上述气密性要求，在施工时需要增加一道设置气密层工序，并且具体操作时必须注意一些细节问题。对于土建式调库，除满足隔热、隔气、防潮要求外，还应采取特殊的密封措施，保证库体气密。通常有以下一些方法：聚氨酯泡沫塑料喷涂法，采用现场喷涂，厚度一般为 50~60mm，施工前先在墙面上涂一层沥青，然后分层喷涂聚氨酯，每层厚度约 12mm，最后在内表面涂刷密封胶；在传统方法施工的冷库内表面，用 0.1mm 厚的波纹形铝箔，用沥青玛蹄脂铺贴作为气密层；在传统方法施工的冷库内表面用 0.8~1.2mm 厚的镀锌钢板，气焊成一个整体固定在内表面作为气密层。对于金属夹心保温板装配式气调库，因其两面均为彩钢板，其蒸汽渗透率为零，气密性相当好。因此，装配式气调库的气密层，主要是指地坪、库板间接缝和拐角的气密处理。对于地坪气密层，一般在隔热层上下分别设气密层，也有在地坪表面设气密层的。由于地坪不可避免地产生沉降，地坪与墙板的交接处需要用有弹性的气密材料进行气密处理；库板间接缝处用小木条作插片，接缝处再涂不干的密封胶，采用聚酯树脂，气密性效果很好；拐角一般是无搭接的连续夹心保温板，不再作气密层处理。除了库体的围护结构应具有良好的气密性外，库门亦有良好的气密性和压紧装置；穿过库体的制冷、气调、给排水管道、电缆等管道孔洞应作特殊气密处理。管道穿过库体围护结构时，除了应做好隔热防潮处理外，还应做好气密处理。一般是预先埋好穿墙体的塑料套管，套管与墙洞间用聚氨酯发泡充填，管道穿过塑料套管后用硅树脂充填间隙，以保证密封。另外，气调库在使用过程中，由于库内外温度波动，不可避免地造成库内温度波动，从而引起压力的波动，对围护结构产生压力差应力和温度应力等作用力，会造成围护结构的膨胀和缩变。因此，气调库应设均压装置，一般设置管式水封一个，库内外压力差控制在 10mm 水柱，因而对气调库的围护结构选择材料、安全措施方面应有足够的重视。

班兆军对灵武长枣低温贮藏前期 3 重包装袋袋内气体成分的变化进行测定，同时对 3 种包装膜对枣果实低温贮藏 90d 的保鲜效果进行研究。试验结果表明：微孔膜保鲜效果好于打孔聚乙烯膜，不打孔 PE 膜最差，说明灵武长枣以使用气体通透性能较好的包装材料贮藏效果最佳，同时也证实了低温与专用保鲜剂结合专用薄膜自发气调的综合配套保鲜技术模式适用于灵武长枣的保鲜，贮藏 90d，好果率达 87.5%。

赵宏侠等研究了不同体积分数混合的 O_2、CO_2、N_2 充入 0.18mm 的 CPP 包装袋中进行气调包装，在（0±0.5）℃贮藏条件下对着色面积<25%的初熟鲜枣品质的影响。结果表明，经过 100d 的贮藏，不同体积分数的气调包装均能有效抑制初熟鲜枣果实衰老和营养物质流失，能不同程度地延缓果实中 MDA 质量分数的上升和硬度的下降；降低质量损失和乙醇积累量；减缓初

鲜枣果实中可滴定酸体积分数的下降和颜色变化以及还原糖质量分数上升；可有效防止维生素 C、cAMP 和总黄酮等营养物质的流失；同时能够较长时间地保持果实鲜亮的颜色。其中以 5% O_2、2%CO_2、93%N_2气体体积分数的气调包装对鲜枣的保鲜效果最好。

王亮等研究了冬枣果实在低温（-2~-1℃）条件下，8 个不同体积分数的气体成分（15%O_2+0%CO_2、10%O_2+0%CO_2、5%O_2+0%CO_2、2%O_2+0%CO_2、2%O_2+2%CO_2、2%O_2+4%CO_2、2%O_2+8%CO_2、2%O_2+10%CO_2）处理和 1 个对照（21%O_2+0%CO_2）处理对冬枣果实呼吸、果肉相对硬度、组织相对电导率、维生素 C 含量以及贮藏效果的影响。研究结果表明，适当的低 O_2可降低冬枣果实的呼吸强度，抑制果肉硬度的下降，减慢组织相对电导率的升高，延缓维生素 C 含量的降解，维持冬枣果实良好的贮藏品质；而贮藏环境中的 CO_2则会促进果实呼吸，导致组织相对电导率升高，促进维生素 C 的降解，加速了冬枣果实的软化，鲜食价值迅速丧失。2%O_2+0%CO_2的气体条件对冬枣贮藏最为有利。

韩海彪等研究了灵武长枣在 8 种气体组分贮藏下的生理变化及其呼吸特征。结果表明，灵武长枣为呼吸跃变型果实，2%CO_2+7%O_2+91%N_2气体配比贮藏效果较好，能有效抑制多聚半乳糖醛酸酶（PG）、过氧化物酶（POD）活性，使多酚氧化酶（PPO）活性处于一个较低的水平，减缓枣果含酸量的下降速率和还原糖含量的变化，较好地保持维生素 C 含量，枣果贮藏第 120d 硬果率为 50.5%，好果率为 96.3%。王文生等采用冬枣作试材，对在(-1.5±0.5)℃，相对湿度为 90%~95%下采用普通冷藏和（2%~3%O_2，0~0.5%CO_2）（5%~6%O_2，0~0.5%CO_2）（8%~9%O_2，0~0.5%CO_2）条件下贮藏的冬枣进行了比较研究。结果表明，从贮藏的第 45d 开始，普通冷藏的枣果呼吸强度显著高于气调贮藏的，但 3 种气体组分之间的呼吸强度均未达到显著差异水平，贮藏时间在 30d 前，各处理枣果肉乙醇含量无显著差异，但普通冷藏冬枣的乙醛含量显著高于 3 种不同气体成分贮藏的冬枣。贮藏至第 60d 时的乙醛含量和贮藏第 90d 时的乙醇含量，均以（2%～3% O_2，0～0.5% CO_2）条件下最高，显著高于其他 3 个处理。在该气体成分下，冬枣表皮转红速度最慢，但是好果率却最低，而在（5%～6% O_2，0～0.5% CO_2）气调指标下贮藏 90d 时，好果率达 87%。

二氧化氯（ClO_2）具有杀菌、消毒、除臭、漂白、保鲜、灭藻等多种作用。在食品工业中可用于原料消毒保鲜、水处理及污水无害化处理等。二氧化氯对细菌（含芽孢杆菌）、病毒、霉菌、藻类都有迅速、彻底的杀灭作用。作为一种新型的杀菌剂，具有安全、无残留、无“三致”等优点。我国卫生部亦已批准二氧化氯为消毒剂和新型食品添加剂。为了给冬枣保鲜提供科学依据，冯海等研究了以氯酸钠和硫酸为原料，尿素为还原剂，MnO_2/Cr_2O_3为催化剂制备二氧化氯的方法，并用该方法制备了低温型缓释二氧化氯制剂 1、2 号，比较了其对低温贮藏冬枣的保鲜效果。经正交试验优化后，制备二氧化氯的最佳工艺为：温度 70℃，酸度 6mol/L，$m(MnO_2):m(Cr_2O_3)=3:1$，$n(NaClO_3):n[CO(NH_2)_2]=2.5:1$，此条件下，二氧化氯产率达 95%，纯度达 95% 以上。放置缓释二氧化氯制剂后，冬枣的可滴定酸和维生素 C 含量均高于对照组，失重率、呼吸强度和乙醇含量均低于对照组。二氧化氯释放量大的 1 号缓释剂的保鲜效果好于释放量小的 2 号缓释剂。结论表明，缓释二氧化氯制剂可有效提高冬枣的保鲜效果。在冷藏（-1 ± 0.5）℃条件下采用二氧化氯进行冬枣保鲜。张顺和等主要研究了二氧化氯处理对冬枣好果率、果实硬度、可溶性果胶、PG 酶活性、维生素 C 及 PPO 酶活性影响。结果表明，经二氧化氯处理的冬枣在贮藏 80d 后，其好果率、果实硬度、维生素 C、PG 酶活性均高于对照组；可溶性果胶、PPO 酶活性均低于对照组。二氧化氯用于冬枣贮藏保鲜最佳剂量为 80×10^{-6}mg/kg。二氧化氯有利于冬枣保鲜，对提高贮藏冬枣的商品品质和营养价值有一定的积极作用。庄青以沾化冬枣为试材，研究了二氧化氯（50mg/kg、100mg/kg）对冬枣贮藏品质的影响，结果表明，ClO_2处理可以极为有效地杀灭冬枣采前在田间潜伏的病原菌，显著降低冬枣腐烂的发生，同时还可显著延缓冬枣硬度和维生素 C 含量的下降。经二氧化氯处理的冬枣在贮藏 80d 并经过 8d 常温货架期后，好果率为 100%，而对照的好果率只有 37.2%，处理和对照之间的差异极显著。

李忠等研究巴州和阿克苏地区所产冬枣在不同气体、不同湿度条件下的耐储性。温度控制在（-1±0.5)℃条件下，用早采与晚采、10%盐水加湿普通贮藏、气调贮藏（O_2控制在 4%～5%，CO_2 控制在 2%以下）同 PVOH 透气膜袋保湿贮藏效果进行比较。在 80d 的贮藏中，早采果比晚采果在好果率和脆果率方面要高。无论气调贮藏、10%盐水加湿普通贮藏和 PVOH 透气膜袋贮藏，维生素 C 总是有一个先提升后迅速下降的过程，pH 值下降然后逐渐趋于平行变化。但方差分析维生素 C 含量和 pH 值差异不显著（$P>0.05$）。早采果耐贮，10%盐水加湿普通贮藏比 PVOH 透气膜袋贮藏在保湿方面更好，气调贮藏配合适宜的低温和湿度可以减少物质的消耗，将整个代谢水平降低，减缓冬枣果的皱缩、褐变、酒化。

第八节　臭氧保鲜贮藏技术

冷库可以保鲜水果、蔬菜、肉蛋、水产和副食品等，冷库在提高人民生活水平，满足人们日益增长的物质生活需要方面起着重要的作用。冷库中温度低、湿度大，很适宜多种霉菌生长，如果不对冷库进行定期消毒，那么储藏的食品就很容易霉烂变质，造成损失。过去消灭霉菌有甲醛熏蒸和过氧乙酸熏蒸等方法，这些方法操作烦琐，并且易造成墙壁、器皿、设备和食品的污染，所以很不理想。

臭氧是一种在室温和冷冻温度下存在的淡紫色的、有特殊鱼腥味的气体，它在水中部分溶解，且随着温度的降低而溶解度增加，在常温下能自行降解产生大量的自由基，最显著的是氢氧根自由基，因而具有强氧化性的特点。臭氧是一种潜在的氧化剂，其氧化能力仅次于氟、氯、三氟化合物和氢氧根自由基，居第五位，实际应用中呈现出奇特的消毒、灭菌等作用。一旦与水混合，可与水中的酸类、亚硝酸盐、氰化合物等还原性无机物发生反应。其次，臭氧还能与一些有机物反应，使有机物发生不同程度的降解，变成简单的中间体，再进一步彻底氧化生成 CO_2，这一性质使之成为水处理中最具有潜力的氧化剂和消毒剂。臭氧在消毒、灭菌过程中仅产生无毒的氧化物，多余的臭氧最终还原成为氧，不存在残留物，没有任何遗留污染的问题，可直接用于食品的消毒、灭菌。这是其他任何的化学消毒方法所无法比拟的，是食品生产中不可多得的冷消毒。

（一）臭氧保鲜技术

臭氧保鲜贮藏是把臭氧气体应用在冷库中，进行枣保鲜贮藏的一种方法。在世界范围内，将臭氧在冷库中应用已有近百年的历史。1909 年，法国德波堤冷冻厂使用臭氧对冷却的肉杀菌。1928 年，美国人在天津建立合记蛋厂，其打蛋间就用臭氧消毒。我国应用臭氧冷藏保鲜起步晚，随着臭氧发生器制造技术的完善，臭氧在冷库中应用越来越广泛。

通过臭氧强力的氧化性，可以用于冷库杀菌、消毒、除臭、保鲜。由于臭氧具有不稳定性，把它用于冷库中辅助贮藏保鲜更为有利，因为它分解的最终产物是氧气，在所贮食物果品里不会留下有害残留。但是臭氧不宜用于菠菜，芹菜等叶绿素多的蔬菜长时间处理，因为臭氧会使叶绿素氧化，使蔬菜脱色。

臭氧在冷库中有3个方面的作用机理：一是杀灭微生物，消毒杀菌；二是使各种有臭味的有机、无机物氧化除臭；三是使新陈代谢的产物被氧化，从而抑制新陈代谢过程，起到保质、保鲜的作用。根据臭氧的物理化学性质，把臭氧用于保鲜是有效的。试验表明把臭氧发生器安装在贮藏室距地面2m的墙壁上，每天开机1~2h，尽量关闭库门，保持和提高臭氧浓度达到12~22mg/kg，并将室内湿度控制在95%左右。在湿度较大的情况下，杀菌保鲜效果能大大提高。臭氧可使枣、饮料和其他食品的贮藏期延长3~10倍。在实际应用中，臭氧发生器应安装在冷库上方，或自下向上吹；枣的堆码要有利于臭氧接触、扩散。

1. 臭氧保鲜方法

（1）原料选择。应选择无变质腐烂、无破损，刚采摘的、新鲜的果蔬。

（2）初期处理。采摘后、贮存前用臭氧水清洗果蔬。去除枣表皮上的细菌及农药残留。臭氧水浓度要求：3mg/L。

（3）保鲜库。果蔬洗净入库过程要尽量保证洁净，时间越短越好。入库后，尽量避免人员进入且保证库的密闭性，避免二次污染。

（4）臭氧机选用。清洗过程选用的臭氧机，根据水的流量或是水槽的容积，进行选用。库内选用的臭氧机，根据库的体积，达到30万级标准。

2. 臭氧处理效果

（1）表面杀菌。虽然冻结可能会使有些细菌死亡，但有些致病菌对低温有极大的抵抗力，一旦温度回升，这些细菌就会“复苏”。尤其是冷却间及冷却物冷藏间，由于其温度适合嗜低温性细菌、霉菌及酵母菌的生长，会使所贮食品大量损坏。在这种情况下，使用臭氧会取得满意效果。臭氧属于气体灭菌剂。灭菌剂的抑菌和灭菌作用，通常是物理的、化学的及生物学等方面的综合结果。

臭氧是一种强氧化剂，又是一种良好的消毒剂和杀菌剂，可杀灭消除蔬果上的微生物及其分泌的毒素，在去除农药残留方面又有着不同凡响的表现。

其作用机制可归纳为以下 3 点。

①作用于细胞膜，导致细胞膜的通透性增加、细胞内物质外流，使细胞失去活力。

②使细胞活动必需的酶失去活性：这些酶既可以是基础代谢的，也可以是合成细胞重要成分的。

③破坏细胞质内的遗传物质或使其失去功能：一般认为，臭氧杀灭病毒是通过直接破坏其 RNA（核糖核酸）或 DNA（脱氧核糖核酸）物质完成的。而臭氧杀灭细菌、霉菌类微生物则是臭氧首先作用于细胞膜，使细胞膜的构成受到损伤，导致新陈代谢障碍并抑制其生长。臭氧继续渗透破坏膜内组织，直至死亡。

（2）枣保鲜。枣在贮藏过程中，本身会放出乙烯或碳酸气体，这些气体是引起枣生理变化，致使枣果提早成熟、老化以致腐烂变质的根本原因。为消除上述枣发出的乙烯和碳酸气体等对枣的影响，目前使用的保鲜剂虽有多种，但按照乙烯除去方式而言，分为以活性炭为代表的吸附型和高锰酸钾为代表的氧化分解型两大类。前者虽然除去率高，但吸附饱和后即失效，甚至还有脱附的危险；针对后者存在除去速度慢、保鲜效果不明显的缺点，臭氧技术脱颖而出。臭氧瞬间杀菌消毒，速度快，有极好的枣保鲜功能，抑制了枣的新陈代谢及病原菌的滋生蔓延，延缓了果蔬的后熟衰老、促进创伤愈合、增强抗病力，防止腐烂变质，达到保鲜、消除异味、延长贮存时间和扩大外运范围的效果。

（3）使各种有臭味的无机或有机物氧化——除臭。臭氧本身有特殊的气味，利用臭氧来除臭，并不是以臭氧的气味来掩盖其他臭味，而主要是利用臭氧的强氧化能力。臭味的主要成分是胺、硫化氢、甲硫醇、二甲硫化合物、二甲二硫化物等。

除臭的效果也受其他因素影响，尤其是温度及分子较大的臭味物质。温度越低，分子越大，氧化反应越弱，除臭的效果也越差。而湿度对除臭效果没有什么影响。既然臭氧会氧化各种臭味物质。那么在水果库中，应用臭氧是否会影响到水果的芳香味？这是人们所关心的。对草莓所做的试验表明，在臭氧存在的情况下，其芳香味反而增大，这可能是臭氧有助于芳香味和水果香味的形成。当然这种情况对其他水果是否如此，尚难定论。在水果库中使用臭氧，还可防止包装材料的气味传到所贮的物品上。特别是在相对湿度85%~90%的情况下，使用木制板箱更有效。

3. 臭氧消毒灭菌技术的特点

臭氧消毒灭菌技术作为一种先进的消毒灭菌技术，同常见的高温杀菌、紫外线杀菌、化学药剂杀菌等相比具有较多优点。

（1）广谱杀菌。臭氧是一种广谱杀菌剂，其在短时间内可有效地杀灭大肠杆菌、蜡杆菌、巨杆菌、痢疾杆菌、伤寒杆菌、流脑双球菌、金黄色葡萄球菌、沙门氏菌以及流感病毒、肝炎病毒等多种微生物。细菌的芽孢、原生孢囊以及真菌对臭氧的抵抗力较强，但经过较长时间的臭氧处理亦可被全部杀灭。

（2）灭菌速度快。试验结果表明，当消毒剂浓度为0. 3mg/L时，为达到99%的菌体灭活率，用二氧化氯需6. 7min，用碘需100min，而用臭氧只需1min。臭氧杀灭大肠杆菌的速率更快，当消毒剂浓度为0. 9mg/L时，要达到99. 99%的消毒效果，臭氧只需0. 5min，二氧化氯需4. 9min，两者相差8. 8倍。

（3）无残留。臭氧的化学性质活泼，是一种不稳定的气体，易自行分解成氧，无任何残留，无任何新的物质生成，不会造成二次污染，是最干净的消毒剂。特别是在饮用水杀菌消毒上，几乎是唯一有效而无害的途径。

（4）无消毒死角。用紫外线以及高锰酸钾、漂白粉等化学消毒剂容易造成消毒死角，用臭氧消毒不必担心有消毒死角，臭氧在通常情况下是一种气体，极易扩散流动，所有与空气有接触的地方都可起到很好的消毒效果。

（5）不需高温处理。传统的高温杀菌技术是依靠高温使菌体蛋白凝固，从而使菌体死亡，高温对食品的热敏性营养成分破坏很大，可使食品本身所特有的风味有所丧失。臭氧杀菌技术是一种冷杀菌技术，不需加热处理，是利用本身强烈的氧化作用使菌体死亡，很好地保持食品原有的色、香、味，使食品质量得到保证。

（6）可脱臭、除味、脱色。臭氧是一种强氧化剂，进行水处理时能破坏使水产生异味的有机化合物和有色的有机物，将亚铁和亚锰氧化成高价的不溶性氧化物，然后通过沉淀和过滤除去，并且不会产生卤代烃类。

（7）使用方便。利用臭氧进行消毒灭菌比利用其他消毒灭菌方法方便，且安全可靠。

4. 设备选择及一般计算

设已知冷库容积为 $V=500m^3$，为保证冷库的消毒杀菌，设需臭氧浓度为 5mg/kg，所需臭氧的投加量为

$$W=5\times2.14\times500\div[(1-0.5782)\div1000]=12.68\ (g/h)$$

所以可以选择产量为 13~15g/h 的臭氧发生器。

注：常数 0.578 2 为标准状态下，臭氧 1h 后的衰退率。常数 2.14 为标准状态下，臭氧的浓度换算比例，即 $1mg/kg=2.14mg/m^3$。

5. 注意事项

臭氧的化学性质是它的氧化能力很强，其氧化还原电位仅次于氟。臭氧在冷库的应用中，对臭氧的性质，要注意以下几点。

（1）臭氧是有腥臭味的，在浓度很低的情况下，人也会感觉到。理论研究把人员接触臭氧的浓度和时间关系划成几个区，无症状刺激区、有症状区、暂时性损害区等。无症状区的研究比效成熟，有症状区和暂时性损害区研究较少，损害区仅为理论推导。无症状区是人员离开臭氧存在的地方，回到自然环境下，所产生的反应会很快消失而没有损害。无症状区可归纳如下：嗅觉灵敏的人在 0.01mg/kg 即可察觉，一般的人在 0.02mg/kg 可嗅到，嗅觉迟钝的人在 0.1mg/kg 时也会明显感觉到。这种浓度对人员完全无害，且使人有所新鲜感。一般森林地区即可达 0.1mg/kg，海边达 0.05mg/kg。某些城市在夏天阳光充足时，浓度可达 0.03～0.1mg/kg。有些地方甚至高于 0.1mg/kg，我国卫生部 1979 年制定的《工业卫生标准》中规定，臭氧的安全标准为 0.15mg/kg。美国标准规定，人员可在 0.1mg/kg 浓度下，工作 8h。国际臭氧协会标准规定：应用臭氧的专业室内，在 0.1mg/kg 浓度下，允许工作 10h。在冷库中应用臭氧，应与人员隔绝。要安排好臭氧发生器的开机时间与人员入库操作时间。不使人员在较高的浓度下，较长时间地接触臭氧。

（2）在标准压力和温度下（STP），臭氧在水中的溶解度是氧气的 13 倍。如果要把臭氧溶于水中，这一点要注意。

（3）臭氧比空气重，是空气的 1.658 倍。所以冷库中利用臭氧，应从顶部的风道中随空气吹出，利用臭氧比空气重的特点，使臭氧到达所贮货物，但目前我国冷库中的风道大多是用镀锌皮制作，臭氧通过风道，会使锌、铁氧化生锈，而使臭氧消耗，但消耗多少，目前尚无数据。为不使臭氧消耗，目前通常把臭氧发生器安装在冷库内，而不通过风道。臭氧具有很强的氧化能力。我们就是利用这一能力来进行杀菌、消毒、除臭、保鲜。

（4）臭氧是不稳定的。容易分解变为氧气。在水中分解的半衰期决定于水质和温度。20℃时，臭氧在蒸馏水中的半衰期约为 25min，在低硬度地下水中约为 20min。而水温降到 0℃时，臭氧就变得相当稳定了。臭氧在常温空气中的半衰期一般为 30min 左右。温度越高、湿度越大，分解越快。在干燥低温的空气中，其半衰期可达数小时。由于臭氧的不稳定性，把它用于冷库很有利，它最终分解为无毒的氧气，不产生有害残留物。

（5）臭氧杀灭微生物的效果，取决于臭氧的浓度，微生物的种类，处理时间，库房温湿度，墙、顶棚、地坪的材料，包装材料及方式，所贮货物的吸收性及所发生的氧化反应等。臭氧对各种微生物的杀灭效果是不一样的，臭氧对人和动物的致病菌、病毒具有很强的杀灭作用。所做的试验表明，臭氧对金黄葡萄球菌、枯草杆菌、大肠杆菌、乙肝表面抗原、沙门氏菌、撇状弧菌等有杀灭作用。而臭氧对霉菌的杀灭效果比细菌好，在低浓度下（大约 0.2mg/m^3）臭氧对细菌不是很有效，因为在这一浓度下暴露一定时间后，会产生抗体。臭氧对水果上的某些霉菌也有相似的情况。杆菌孢子对高温有较强的抵抗力，例如枯草杆菌的孢子，在 100℃加热 60min，仍能保持活力。臭氧对这些孢子，经较长时间的处理也可杀死。乳酸菌对臭氧的抵抗力极其微弱，在水中 15s 即可杀死。臭氧对酵母菌的杀灭效果。视菌种不同而异，一般来说，在水中用 0.5mg/kg 的臭氧处理 5～10min，杀灭率达 100%。兰州大学生物系和甘肃商业科技研究所西北肉蛋食品卫生检测研究中心站合作，进行了“臭氧对霉菌孢子的抑制杀灭作用”的研究，结论是未萌动的孢子在臭氧浓度 12mg/kg 下，3h 即可完全杀死。

（6）影响臭氧杀菌效果的环境因素，主要是温度和湿度。温度低、湿度大则杀灭效果好，尤其是湿度，相对湿度小于 45%，臭氧对空气中悬浮微生物几乎没有杀灭作用。相对湿度超过 60%，杀灭效果逐渐增强，在 95%时达到最大值，这主要是由于相对湿度的增强，使细菌膨胀，使它们更易受到臭氧的作用。多数冷库是低温、高湿的，这对应用臭氧杀菌很有利。利用臭氧对冷库进行消毒杀菌，应先把库内货物搬空、清扫干净，地面消毒处理，垫仓板冲洗晾后进行，可按 10mg/m^{3}来选用臭氧发生器，即其浓度为 6～10mg/kg。达到这一浓度后停机封库 24～48h。利用臭氧对空冷库进行杀菌消毒，对细菌的杀灭率可达90%左右，对霉菌的杀灭率可达 80%左右。应用在食品加工间杀菌消毒时，一个重要问题是确定发生器的开机时间，使上班时，加工间内的细菌处于最低。若是该臭氧发生器运转 2h，才能达到杀菌的浓度，加上封闭分解也需 2h，那么上班前 4h，开臭氧发生器最合适。其原则是既要达到杀菌消毒的效果，又要在上班时人嗅不到明显的臭氧味。

（二）臭氧在鲜枣保鲜上的应用

冬枣等鲜果在贮存中果肉褐变一直是影响其品质的一大难题，褐变不仅影响外观，而且风味和营养也因之发生变化。褐变是导致多种枣营养价值下降以及贮藏期变短的主要原因之一。褐变通常分为 2 种：酶促褐变和非酶促褐变，其中酶促褐变是枣褐变的主要类型。在酶促褐变中，多酚氧化酶（PPO）是引起枣褐变的关键酶类。在植物后熟衰老过程或在采后的贮藏加工过程中，枣出现的组织褐变与组织中的多酚氧化酶活性密切相关。而枣成熟衰老是一个非常复杂的生理生化过程，在这个过程中有多种酶的参与。相关研究表明，过氧化物酶（POD）、过氧化氢酶（CAT）等抗氧化酶的活性与植物抗性和衰老有关。过氧化物酶是果实成熟衰老的主要标志，可作为组织老化的一种生理指标。测定这种酶，可以反映某一时期植物体内代谢的变化。臭氧是一种强氧化剂，以氧原子的氧化作用来破坏微生物膜的结构，以实现杀菌作用，利用臭氧技术可以大大延长枣的保鲜贮存时间，扩大其外运范围，且更为方便、高效、安全，在植株内及果实中无污染、无残留。李梦钗等以不同浓度臭氧处理冬枣果实，研究果实中多酚氧化酶和过氧化物酶活性的变化，以期为延长冬枣的贮藏时间提供依据。结果表明，臭氧处理能抑制冬枣多酚氧化酶的活性，使过氧化物酶活性保持较高水平，其中以40mg/m^{3}臭氧浓度处理最佳。

王新民等为了解臭氧消毒冬枣、预防其腐烂变质、延长保鲜期的效果，采用臭氧密封消毒处理进行了冬枣防腐研究。结果表明，用含量60mg/m^{3}的臭氧对20L密封塑料袋内5kg冬枣熏蒸消毒60min，然后储存于-1~0℃，可在90d内保持冬枣不腐烂。未用臭氧消毒处理的冬枣在相同包装和储存条件下，只能储存40d，之后即出现冬枣腐烂。结论是，用臭氧熏蒸消毒冬枣比未经消毒的冬枣储存期延长50d，可有效预防冬枣发生腐烂变质，延长其保鲜期。

杨晓光等研究在不同浓度范围0.5~0.99mg/L、1.0~1.99mg/L、2.0~3.0mg/L的1℃臭氧水处理的冬枣在湿冷贮藏条件下的品质变化。结果表明，臭氧水冷激处理冬枣可以保持冬枣的硬度，抑制其转红及酒软，使枣果保持较好的外观颜色；同时，还可以有效抑制冬枣可滴定酸含量和维生素C含量的下降，保持了其贮藏期的品质，延缓其衰老速率，用1.0~1.99的臭氧水的保鲜效果好，而且不会对枣果造成伤害。臭氧水的杀菌能力远强于臭氧气，而且一旦达到所需浓度便可以瞬时杀菌，而且臭氧水冷激处理会在冬枣表面形成一层水膜，并保持较长时间，这样可以很好地抑制冬枣的蒸腾作用，对于防止枣果失水很有帮助，可以降低因枣果失水引起的硬度下降，然而臭氧的强氧化性也会对枣果产生伤害，因此对于其浓度的要求就显得格外重要。现有的报道大多是用臭氧气对冬枣进行的保鲜处理，而以臭氧水保鲜冬枣的试验报道目前尚未见相关报道。随着人们对绿色食品的青睐，无污染的优质枣的需求逐年增加，采用化学防腐剂的传统保鲜方法将受到越来越多的限制，而利用臭氧及负氧离子的保鲜技术以其独特的无残留、运用简便等优点，在枣保鲜领域具有很好的应用前景，越来越受到社会的关注，另外臭氧处理还能降低枣表面微生物数量，在一定程度上降解枣表面微生物毒素及农药残留。

李梦钗等为了探索臭氧去感染技术对采后冬枣的贮藏保鲜效果，以冬枣为试材，研究不同臭氧浓度、不同处理次数、不同包装材料对其保鲜效果的影响。通过测定冬枣维生素 C 含量、硬度、可溶性固形物含量以及果品表面病菌数量、好果率，发现臭氧处理能够有效抑制冬枣的腐烂，延缓冬枣维生素 C 含量、硬度和可溶性固形物的下降。结果表明，臭氧处理冬枣的最佳浓度为40mg/m^3，可使冬枣的保鲜期达到120d，处理次数和包装材料对冬枣的保鲜效果影响较小。

庄青以沾化冬枣为试材，研究了臭氧处理对枣保鲜效果的影响，结果发现臭氧可以延缓冬枣硬度和脆度的下降，显著降低腐烂与褐变的发生并能有效延缓冬枣酒软及衰老。其中，臭氧浓度为 3mg/m^3，1 天处理 1 次的冬枣保鲜效果较好。在贮藏至 81d 时，对照全红率、腐烂率、果肉褐变率、酒化率分别为 25. 1%、37. 1%、24%、64%，而浓度为 3mg/m^3，1 天处理 1 次的冬枣的全红率、腐烂率、果肉褐变率、酒化率分别为 6. 7%、14. 15%、16%、22%，分别比对照低 18. 4%、22. 95%、8%、42%；硬度、甜度和脆度分别比对照组高 19. 66%、3. 6%、12. 6%。

第九节　保鲜剂涂膜保鲜贮藏技术

水果是人类生活所必需的营养物质及膳食结构的重要组成部分，其生产具有较强的季节性和区域性。据统计，由于贮藏设施技术及管理等因素，导致发展中国家新鲜枣腐烂达 40% ~ 50%。目前，枣保鲜已成为全球一项重要的研究内容，近年来壳聚糖越来越多地用于果品保鲜中。研究人员更加关注食品的安全性与环境友好性，正在不断探索安全、天然、可降解的保鲜材料。

涂膜保鲜是一种自发气调贮藏。膜剂通过包裹、浸渍、涂布等途径覆盖在食品表面或食品内部异质界面上，提供选择性的阻气、阻湿、阻内容物散失及阻隔外界环境的有害影响，具有抑制呼吸、延缓后熟、抑制表面微生物的生长和提高贮藏质量等多种功能，从而达到食品保鲜，延长货架期的目的。

（一）壳聚糖

壳聚糖是甲壳质经脱乙酰反应后的产物，天然、无毒副作用，且具有良好的生物相容性和可降解性。壳聚糖主要是从虾壳、蟹等甲壳类外壳中提取的天然多糖，而这些外壳正是水产业中产生的固体废弃物，会造成环境污染。壳聚糖的提取不仅可以为绿色包装提供一种廉价且性能优异的保鲜材料，还能使废弃的虾壳、蟹壳回收利用，解决其带来的环境污染问题。其良好的水溶性、持水性、成膜性及生物相容性可广泛应用于食品包装、钻井、涂料、生物医药及化妆品等领域中。

1. 壳聚糖的保鲜机理

对壳聚糖的保鲜机理研究，学术界尚未达成共识，但主要集中于以下两个方面。

（1）壳聚糖具有良好的成膜性能。壳聚糖在果品表面形成一层薄膜，即一个良好的微气调环境，阻止了果实对 O_2的吸入，减缓了果品呼出的CO_2向外扩散，使内部形成一个低 O_2、高 CO_2的半透膜层，从而有效地抑制果品的呼吸代谢作用，阻止果品与外界的气体交换，减少内源乙烯的生成、营养物质的损耗、外源微生物的侵染以及果品之间的机械损伤，避免了因果品表皮细胞破裂致使营养物质流出而导致的微生物生长，最终减少果品的腐烂。

同时可以减少贮藏期枣内部水分的蒸发，保持果品的硬度和色泽，延缓衰老以达到延长保存期的目的。

(2) 壳聚糖具有良好的抑菌性能。通过阻止细胞内外物质的传递，使营养不能运输到菌丝细胞内，致使细菌无法生长，与细菌外膜上的阴离子组分相结合，从而影响细胞壁发育和膜质代谢，改变膜的通透性，造成细胞内容物外泄。

2. 壳聚糖在枣保鲜上的应用

低分子量壳聚糖作为一种生物活性的天然高分子化合物(图4-8)，具有低甜度、低热值、降血脂、降血糖等功效，而且无毒副作用，因具有特殊的生物活性而日益受到人们的关注，研究表明，低分子量壳聚糖可诱导植物的活性氧迸发，使过氧化氢酶、超氧化物歧化酶、几丁质酶、过氧化物酶等防御酶的活性发生变化，同时，低分子量壳聚糖的诱抗活性与其溶液浓度、分子量和脱乙酰度有着密切的联系，分子量在500~2 000的低分子量壳聚糖具有好的抑菌效果，对应不同的病原菌所需的有效壳聚糖浓度不同，低分子量壳聚糖在水溶液中容易形成牢固膜，此膜对气体有选择渗透性，非常适合做涂膜保鲜剂。为探讨常温下低分子量壳聚糖涂膜冬枣的保鲜效果，孟良玉等进行低分子量壳聚糖涂膜对冬枣采后生理和品质的实验，测定了常温贮藏下冬枣采后生理和品质变化，以期能为冬枣的贮藏保鲜提供参考：以冬枣为试材，研究了在常温下用不同浓度的低分子量壳聚糖涂膜处理对冬枣采后生理及保鲜效果的影响。结果表明，100mg/kg 的低分子量壳聚糖涂膜处理的冬枣果实的硬度、水分、维生素 C 含量、可溶性固形物含量均高于对照组，多酚氧化酶活性均低于对照组，说明低分子量壳聚糖涂膜保鲜可以明显延缓冬枣采后的衰老，从而有效延长冬枣的保藏保鲜期。

姜桥等采用采前低聚壳聚糖喷施处理冬枣树，低温贮藏，分析研究了枣果实发病情况及抗病性。结果表明，壳聚糖处理明显降低了发病率和发病指数，几种发病期推迟了 6d，提高了枣果

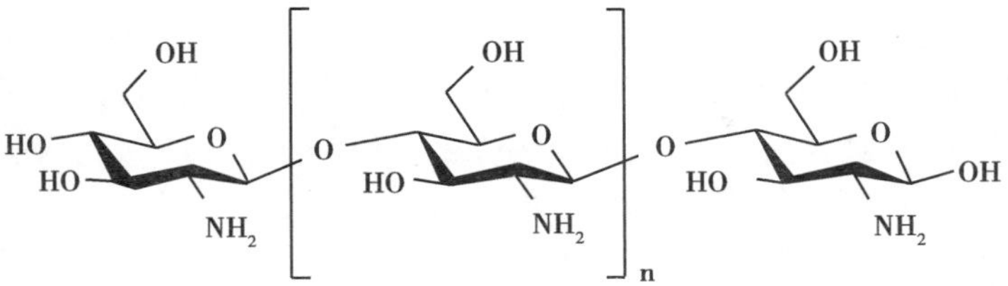

图 4-8　壳聚糖的分子结构

实中总酚的含量，且显著增加了贮藏前期冬枣的类黄酮含量；显著增加了 PPO、POD 和 PAL 的活性，其中 POD 活性最高可达对照组的 4.46 倍，PAL 活性最高可达对照组的 3.19 倍。

刘香君等以灵武长枣为试材，在 0±0.5℃的条件下，研究不同浓度（1%、2%、3%）壳聚糖涂膜处理对灵武长枣保鲜效果的影响。结果表明：壳聚糖涂膜处理对灵武长枣具有一定的保鲜作用，不同浓度的壳聚糖，保鲜效果不同，其中 2%壳聚糖涂膜处理对灵武长枣的保鲜效果最佳，在贮藏末期，灵武长枣硬度最大，为 $11kg/cm^2$；失重率仅为 9%，是对照处理的 1/4；可滴定酸含量最高，为 1.5%；相对电导率最小，为 63%。

为了降低由于冬枣腐烂造成的经济损失及提高冬枣食用安全性，张晓娟等研究了室温贮藏条件下壳聚糖锌（Ⅱ）、铈（Ⅳ）配合物对冬枣的保鲜作用，并探讨了其对冬枣表面有机磷农药的降解效果和机理。结果表明，在冬枣贮藏期间，壳聚糖金属配合物涂膜组处理的冬枣的质量损失率、呼吸强度和多酚氧化酶的活性均显著低于对照组，可溶性固形物、维生素 C 和多酚的质量分数均显著高于对照组，对有机磷农药毒死蜱的降解率显著高于对照组；总有机碳质量分数（TOC）、气相色谱—质谱联用（GC-MS）分析表明，壳聚糖金属配合物降解毒死蜱的中间产物主要为 O，O-二乙基（3，5，6-三氯-2-吡啶基）、3，5，6-三氯-

2-吡啶醇，最终降解产物为PO，降解途径主要为氧化和水解作用，不会引起中间产物积累而导致二次污染。研究结果为冬枣的采后保鲜和壳聚糖金属配合物降解有机磷农药的实际应用提供理论依据。利用配制的不同浓度的壳聚糖保鲜液对冬枣进行涂膜保鲜处理，研究了冷藏过程中冬枣贮藏品质的变化。结果表明，冬枣在冷藏时，壳聚糖涂膜处理可以有效地保持枣果的硬度和维生素C含量，抑制可溶性固形物含量和可滴定酸含量的下降，降低呼吸强度和果实转红，减少失重和腐烂率，延长冬枣的贮藏时间。其中，最佳壳聚糖保鲜液浓度为1%，处理果与对照及其他浓度处理的冬枣相比，呼吸强度最低，硬度、可滴定酸含量和维生素C含量下降最缓慢，腐烂率最低。

胡晓艳等采用壳聚糖溶液处理沪产冬枣，结合PE保鲜袋包装贮藏，研究壳聚糖涂膜处理对沪产冬枣贮藏品质的影响。结果表明，采用1.5%壳聚糖涂膜处理的沪产冬枣，到贮藏末期80d时，维生素C含量、叶绿素含量、还原糖含量、水分含量及果实硬度均明显高于对照，并可有效抑制枣果果肉褐变的发生，降低烂果率，延缓冬枣果实的衰老。

贾小丽等研究表明，壳聚糖涂抹处理可明显抑制冬枣果实硬度、可溶性固形物、可滴定酸、维生素C含量下降以及防止叶绿素分解，降低PPO活性，其中以质量分数1.5%的壳聚糖涂抹处理效果最佳。有研究认为，以质量分数0.75%壳聚糖涂膜结合质量浓度300g/L臭氧处理冬枣果实，保鲜效果优于单独处理，对延缓果实衰老、提高抗病性有显著作用。

(二) 海藻酸钠

涂膜保鲜剂海藻寡糖为纯生物制剂，具有可食用、无毒无害、抗菌等特点，比目前应用较多的多糖类涂膜剂，包括壳聚糖、魔芋葡甘聚糖等具有更好的水溶性、成膜性和保湿性，保鲜效果更好（图4-9）。

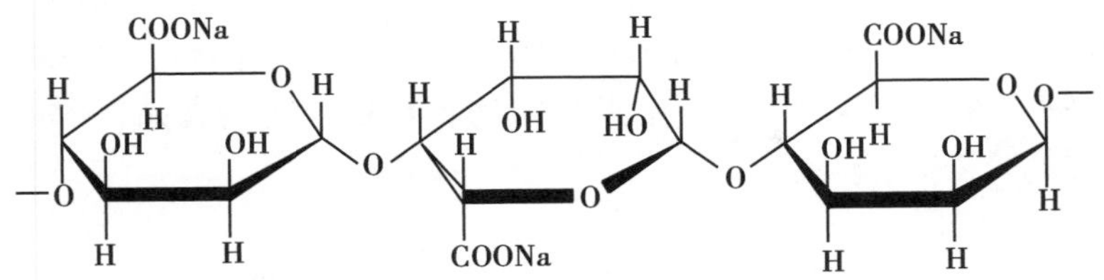

图 4–9　海藻酸钠的分子式

1. 原理

（1）抑菌性。海藻酸钠是海带的细胞间质多糖，分子中含有大量的（-COONa）和（-OH）类活性基团，而活性基团与细菌细胞膜上的类脂、蛋白质复合物发生反应，使蛋白质变性，进而改变细胞膜的通透性，干扰细菌正常的新陈代谢，最终导致细菌死亡。这些活性基团可螯合对微生物生长起关键作用的金属离子（如 Mg^{2+}、Ca^{2+} 等），这些金属离子绝大多数是酶的辅助因子，能抑制细菌中正常的生化反应，保护果实不受微生物感染，从而达到抑菌的目的。此外，低分子量的海藻酸钠能渗入菌体内部，干扰遗传因子的转移，并抑制菌体繁殖。

（2）保湿性。作为一种亲水的多糖物质，海藻酸钠分子具有微观网状结构，能吸收大量水分，有很强的保水性能。海藻酸钠大分子链上均带有大量羧基，由于羧基负电荷间的相互排斥，使高分子链空间伸展特别大，吸水能力增强。另外，海藻酸钠分子中有大量亲水基团（-OH）的作用，所以它对水分子有很强的作用力，海藻酸钠用作涂膜保鲜剂，能够缓解食品中水分的蒸发，降低食品质量损失从而达到保湿保鲜的效果。

（3）成膜性。海藻酸钠制成的薄膜可用作涂膜保鲜剂，在食品表面形成一层薄膜，该薄膜具有气体选择渗透性能，可在食品表面内部形成一个低 O_2、高 CO_2 质量浓度的微气调环境，阻止食品气体交换和代谢过程，降低细胞呼吸强度及营养物质的消耗，减少活性氧的形成，降低膜脂过氧化，保护食品免受外来微生物的侵害，即创造了一个半封闭的小环境，达到食品保鲜的目的。

2. 应用

杨伟以海藻酸钠和卡拉胶为成膜材料，以甘油为增塑剂，通过正交实验优化海藻酸钠-卡拉胶复合膜成膜工艺条件，将水杨酸添加到涂膜液中，制备一种活性涂膜液，对它的性质作了初步研究，并将其对乐陵小枣进行涂膜保鲜的工厂化应用研究，以期为乐陵小枣的保鲜提供更为简便、安全、有效的方法。研究结果，复合膜的成膜配方的确定和涂膜工艺的改进。将海藻酸钠和卡拉胶共混，添加乙烯抑制剂及抑菌剂水杨酸制成活性可食复合膜液，以抗拉强度、断裂延伸率、水蒸气透过率、透光率为指标，确定了海藻酸钠与卡拉胶的最佳共混比例、氯化钙浓度、甘油浓度及交联时间，采用四因素三水平正交试验设计，进一步优化复合膜的成膜配方。最佳成膜工艺条件为：共混比例为 6：4，氯化钙浓度为 4%，甘油浓度为 0.3%，交联时间为 2min。改进的涂膜工艺主要在于将乐陵小枣涂膜后进行交联处理，该处理解决了枣表面的涂膜液溶于冷凝水而影响外观的问题。通过对交联海藻酸钠—卡拉胶复合膜进行 DSC、FT-IR、X-RD、SEM 及透光率的测定，从微观结构证明复合膜中的两种高分子多糖海藻酸钠和卡拉胶之间有较强的相互作用及较好的相容性。通过对全白期、半红期、全红期的乐陵小枣进行辐照、涂膜、辐照+涂膜及氯化钙处理，各处理的贮藏保鲜结果表明：低温条件下，辐照、辐照+涂膜、涂膜及氯化钙处理均能降低乐陵小枣在贮藏期间的腐烂率，其中辐照+涂膜组的腐烂率最低，辐照处理对降低腐烂率效果显著，腐烂率随着采收成熟度的升高而有所增加，不同处理对不同采收期的乐陵小枣的品质影响结果表明：各处理组均能降低乐陵小枣在贮藏期间的失重率，其中涂膜+辐照及涂膜处理效果最好，失重率最低，同时维生素 C、可滴定酸、总糖及可溶性固形物等均保持了较高的含量，降低消耗速率，保持较好的贮藏品质。半红期和全红期的枣果品质要好于全白期；通过对不同采收期乐陵小枣贮藏期间的腐烂率、失重率、营养品质及感官品质的比较分析，涂膜及氯化钙处理对乐陵小枣的贮藏保鲜效果较好，半红期枣果的贮藏品质最佳。通过对各处理对乐陵小枣的保鲜作用机理的初步研究，不同处理对不同采收期的乐陵小枣采后生理指标的影响，结果表明，各处理组均能有效抑制乐陵小枣的呼吸强度，减少呼吸消耗；辐照处理会加速乙烯的生成，同时使 MDA 含量升高；涂膜及氯化钙处理能有效抑制乙烯的产生，保持较高的 SOD、POD、CAT 酶活性，抑制 MDA 的生成，延缓果实的后熟衰老过程，提高果实的贮藏品质。

陈锋通过研究不同质量浓度的海藻寡糖在常温下对台湾青枣“脆蜜”贮藏保鲜效果的影响，结果表明，以质量浓度为 150mg/L 的海藻寡糖保鲜效果最好，能有效保持台湾青枣的好果率，减少水分和可溶性固形物含量的损失，抑制呼吸强度，延缓可滴定酸含量下降，从而延长了台湾青枣的贮藏寿命，贮藏 10d 好果率达 92.5%，贮藏 16d 好果率为 80.0%左右。

任玉锋等研究海藻酸钠涂膜对低温条件下灵武长枣保鲜效果的影响。在贮藏期间每天观察灵武长枣果实外观变化，每隔 6d 测定其硬度、可溶性固形物含量、维生素 C 含量、可滴定酸含量、叶绿素含量、失重率等理化指标。结果表明，浓度 1.0%的海藻酸钠涂膜能够减缓果实叶绿素的降解，减少果实水分的散失，保持较高的果实硬度和维生素 C 含量，同时减少了可溶性固形物和可滴定酸的消耗，从而延缓了灵武长枣的后熟进程。海藻酸钠涂膜处理能够提高灵武长枣的外观品质，起到保鲜效果。

杨伟等以全红期的山东省乐陵小枣为实验材料，分别进行

^{60}Co-γ辐照处理、海藻酸钠涂膜处理及二者结合处理后，与对照组同时于（2±0.5）℃冷库贮藏，并对低温贮藏过程中枣的失重率、总糖、还原糖、维生素C、可滴定酸含量及糖酸比的变化进行测定。结果表明，涂膜、辐照、涂膜+辐照处理均能有效减少水分散失、延缓维生素C和可滴定酸的下降，抑制糖酸比的上升，涂膜+辐照处理能保持较高的总糖、还原糖含量。其中^{60}Co-γ辐照+海藻酸钠涂膜处理于（2±0.5）℃冷库贮藏保鲜效果显著优于其他实验处理组，有助于提高乐陵小枣采后的低温贮藏品质。

朱安宁等针对天然产物涂膜法所具有的优点，以海藻酸钠、明胶和山梨酸钾为涂膜原料，按照L^9（3^4）正交实验制备不同配比的保鲜液，涂膜冬枣，在自然条件下进行贮藏保鲜，并分析了其对冬枣的腐烂指数、失重率、呼吸强度、总酸的质量分数等生理生化指标的影响。结果表明，海藻酸钠复合保鲜液的最佳配比为海藻酸钠1.0%、明胶2.0%、山梨酸钾0.15%，20d后冬枣的腐烂指数为15.25%，总酸的质量分数为789.24μg/g，明显优于其他处理组，保鲜效果佳。该复合膜延长了冬枣的贮藏期限，具有广阔的应用前景。

（三）纳米SiOx涂膜保鲜技术

纳米SiOx涂膜采用纳米硅基氧化物（SiOx）对天然成膜材料进行了改性和蜡膜固定化，使涂膜的气体透性可根据需要进行调整，从而增强了涂膜的气调保鲜功能。该涂膜保鲜技术近年来在柑橘、苹果等水果上大量应用，保鲜效果显著。

吴小华等以八成熟灵武长枣果实为试材，研究了纳米SiOx涂膜对不同温度贮藏灵武长枣果实品质变化及贮藏保鲜效果的影响。结果表明，纳米SiOx涂膜处理能够显著降低霉烂果率、转红果率，减缓贮藏中后期果肉硬度下降和维生素C氧化分解，防止水分散失，提高贮藏中后期脆好果率，有效提高常温、低温贮藏枣果的淀粉含量，显著提高常温贮藏灵武长枣果内的可溶性蛋白含量，梗部的增加幅度高于果部，从而保持枣果采后品质，延缓果实的后熟软化，延长其贮藏保鲜期。

吴小华等通过研究纳米 SiOx 涂膜对不同温度贮藏八成熟灵武长枣采后部分生理活性的影响，以期探明纳米 SiOx 涂膜对灵武长枣的保鲜作用及其机制，为灵武长枣保鲜提供新的技术途径。结果表明，纳米 SiOx 涂膜处理能显著抑制常温贮藏灵武长枣果实的呼吸速率、乙烯释放速率和丙二醛（MDA）的积累，提高常温、低温贮藏枣果的淀粉含量和超氧化物歧化酶（SOD）活性，延缓果实贮藏后期硬度下降和维生素 C 的损失，从而保持枣果采后品质，延缓果实的后熟软化，延长其贮藏保鲜期。

（四）1-甲基环丙烯（1-MCP）

1-甲基环丙烯，是一种有效的水果保鲜剂，能够显著降低果实乙烯释放量和呼吸强度，很好的延迟果实衰老，并且维持果实硬度、脆度、色泽、风味、香味和营养成分。此外，1-甲基环丙烯还能有效增强果实抗病性，减轻微生物引起的腐烂和生理病害。

1. 原理

1-甲基环丙烯是一种环丙烯类化合物。在常温下以气体状态存在，无异味，沸点约为 10℃，在液体状态下不稳定。当植物器官进入成熟期，一种促进成熟的激素乙烯大量产生，并与细胞内部的相关受体结合，激活一系列与成熟有关的生理生化反应，加快植物器官的衰老和死亡，与乙烯分子结构相似的 1-甲基环丙烯可与这些受体竞争性结合，抑制与果实后熟有关的各种生化反应。因此，在植物内源乙烯产生之前使用 1-甲基环丙烯处理，1-甲基环丙烯会抢先与相关受体结合，阻碍乙烯与其结合，抑制随后产生的成熟衰老反应，延迟了果实后熟进程，进而达到保鲜目的。虽然1-甲基环丙烯能够延长呼吸跃变型水果、蔬菜和花卉的货架期和贮藏期（大多数苹果可以保鲜 12 个月，且可食性和外观均保持较好），但它不可盲目使用，水果贮藏时间长短的关键取决于水果本身的生物学特性、适宜的采收成熟度和保鲜库日常的管理技术等。

2. 对枣采后生理和品质的影响

（1）1-MCP 对枣、花卉采后生理的影响。

①对乙烯产生的影响：乙烯能导致采后园艺作物的衰老和生理失调。1-MCP 则可以抑制乙烯与其受体的正常结合，阻断乙烯反馈调节的生物合成。

②对呼吸作用的影响：1-MCP 能抑制植物组织或器官的呼吸作用。它不仅可以推迟呼吸高峰出现的时间，而且降低了呼吸速率的峰值。

③对枣后熟软化的影响：采后跃变型枣存在着一个后熟的过程，并伴随着枣软化的出现。枣经 1-MCP 处理后，外源乙烯处理即不能加速枣的软化，其原因可能是组织内缺乏足够新的乙烯受体所致。但如能保证足够的时间和足够数量的乙烯结合位点的合成，则外源乙烯便能诱导枣后熟。这说明 1-MCP 的抑制效应仅与枣的后熟早期有关，且枣软化的触发是个不可逆过程。

（2）MCP 对枣品质的影响。

①对枣硬度的影响：软化是果实完熟进程中的表现之一，对乙烯的处理非常敏感。研究表明在完熟过程中与软化有关的酶主要是外切和内切 PG。1-MCP 能够推迟果实软化，可能是与软化有关的酶受到抑制有关。经 1-MCP 处理的油梨，其果实 PG 和纤维素酶活性的下降，果实的软化进程推迟，但最终果实仍可正常成熟和软化。经 1nL/L 的 1-MCP 处理的苹果果实在贮藏结束后 2~4 个月与对照相比仍保持较高的硬度。

②对枣色泽的影响：组织或器官色泽转变是采后园艺作物衰老的一个重要特征，主要表现为叶绿素的降解和其他色素的合成

或出现。1-MCP 处理能延缓跃变型枣的成熟衰老进程，推迟其色泽的转变。番茄果实，经 1-MCP 处理的颜色变化延缓 10d；如果继续以 1-MCP 处理，则颜色变化再延缓 10d。此外，采用 1-MCP 处理也抑制了非跃变型果实如葡萄柚、草莓、菠萝和橘子果实脱绿，延缓了果实色泽的变化。这些结果表明，无论是跃变型还是非跃变型果实叶绿素的降解都需要乙烯的参与，而 1-MCP 正是通过与乙烯受体结合，阻断了乙烯对果实色泽的效应。

3. 应用

胡晓艳等为探讨 1-MCP 对沪产冬枣采后生理及贮藏品质的影响，为 1-MCP 在南方冬枣保鲜领域的应用提供理论及实践依据，以 500nL/L、1 000nL/L、1 500nL/L、2 000nL/L 等不同剂量 1-MCP 处理沪产冬枣，置于温度（0±1）℃、湿度 85%～95% 的冷库中贮藏，研究不同处理对沪产冬枣生理及保鲜效果的影响。1 000nL/L 1-MCP 处理能够抑制沪产冬枣的烂果率及转红指数的升高；延缓维生素 C、酸含量和果皮转红指数的下降，维持较高的硬度、色泽；贮藏 80d 后硬度仍高达 9.69kg/cm^2，鲜果维生素 C 含量保持在 241.65mg/100g；果肉色泽、可滴定酸含量也都分别保持在较高水平，显著高于其他处理。1 000nL/L 1-MCP 处理沪产冬枣，能较好地维持果实固有品质，保鲜效果佳。

陈延等研究了在冷藏条件下不同浓度的 1-MCP 处理对冬枣的生理变化及保鲜效果的影响。结果表明，1-MCP 处理能够显著降低果实的呼吸速率和乙烯释放速率，减缓硬度和淀粉含量的下降，防止水分散失，抑制淀粉酶活性和电导率的增加，有效地维持维生素 C 含量和 SOD 的活性，对可溶性固形物含量没有显著影响。

龚新明等以白熟期冬枣为试材，经不同浓度 1-MCP（250nL/L、500nL/L、1 000nL/L）处理后，在常温条件下贮藏 30d 时，1-MCP 处理能够显著抑制冬枣乙醇积累，保持较好的硬度、可溶性固形物和维生素 C 含量，降低腐烂指数和乙烯释放速率，提高贮藏后期呼吸速率，但对失水率和转红指数的影响不显著。不同浓度 1-MCP 处理以1 000nL/L 保鲜效果最佳。

狗头枣是陕北地区优良鲜食枣品种，但采后易腐烂变质。宫文学研究了噻苯咪唑（TBZ）粉剂熏蒸、噻苯咪唑（TBZ）乳剂浸果、1-甲基环丙烯（1-MCP）熏蒸、羧甲基纤维素钠（CMC）涂膜、壳聚糖（CH）涂膜及对照（CK）6 种处理对狗头枣贮藏期间生理变化的影响及保鲜效果。结果表明，TBZ 粉剂熏蒸处理的狗头枣贮藏效果好，该处理可使多聚半乳糖醛酸酶（PG）、多酚氧化酶（PPO）的活性受到抑制，过氧化氢酶（CAT）的活性得到较好的维持，能使枣果含酸量下降速率和还原糖含量变化减慢，较好地保持枣果硬度和维生素 C 含量，贮藏 80d，好果率为 94.7%。

（五）其他种类涂膜

1. OHAA 涂膜保鲜

环氧乙烷高级脂肪醇（OHAA）又称脂肪醇聚氧乙烯醚，是以脂肪醇和环氧乙烷为原料通过逐步结合反应得到的，无味，无臭，具有扩散、湿润、匀染、发泡等优异的综合性能，已被广泛用于食品和日用化工等方面。加水后可以调配成悬浮状液体，很适合作为农产品贮藏保鲜的被膜剂。

李述刚等以冬枣为保鲜对象，以不同浓度（0.5%，1.0%，1.5%）的环氧乙烷高级脂肪醇（Oxyethyene higher aliphatic alcohol，OHAA）作为保鲜材料，在温度为（0±2）℃、相对湿度为 85%~90%的条件下对冬枣进行贮藏。经过 66d 的贮藏，试验结果表明，OHAA 涂膜处理能改善果实的风味、色泽，提高果实的感官品质。以浓度为 1.0%的 OHAA 涂膜处理效果较好，其果实腐烂率和失重率仅分别为 8.98%和 4.8%；果实贮运性能好，硬度为 5.56kg/cm^2；果实营养成分损失较少，其果实维生素 C、可溶性固形物分别为 161.18mg/100g、26%；果实内部生理环境状态良好。说明 1.0%的 OHAA 涂膜保鲜处理可延缓冬枣果实衰老，明显延长其贮藏期。

2. 蜂胶涂膜保鲜

蜂蜡富含黄酮类、萜类、多种有机酸以及具有显著抗菌、抗病毒生物活性的多种化学成分，可通过阻止细胞分化来抑制细菌的生长。在常温下将蜂蜡与乳化剂混合，配制成稳定的蜂蜡乳剂，涂膜于台湾青枣的表面，可以抑制果实的呼吸作用，减少水分蒸发和抑制微生物生长，从而延长保鲜期。

赵凯等以浙江台州地区的脆蜜枣、中国台湾青枣为试材，研究不同浓度的蜂蜡涂膜剂处理对常温（10~15℃）条件下台湾青枣贮藏保鲜效果的影响。结果表明，在试验范围内 1%、2%浓度的蜂蜡涂膜剂处理中国台湾青枣果实的保鲜效果均好于对照(不涂膜)，其中以 2%浓度的蜂蜡涂膜剂处理保鲜效果最好，可以明显控制果实的失水，降低呼吸强度，延缓可溶性固形物和可滴定酸含量的下降速率，贮藏 15d 好果率接近 70%，显著高于对照。

郭东起采用蜂胶涂膜剂对圆脆鲜枣进行保鲜处理，通过测定贮藏期鲜枣的腐烂指数、失重率、硬度、可溶性固形物含量、可滴定酸含量、维生素 C 含量及呼吸强度的变化，评价其对圆脆鲜枣的保鲜效果。结果表明，蜂胶涂膜保鲜处理可以显著地降低圆脆鲜枣的失重率和腐烂指数，维持圆脆鲜枣的硬度，抑制可溶性固形物含量、可滴定酸含量和维生素 C 含量的下降及呼吸强度增大，能明显延缓圆脆鲜枣采后的衰老，有效延长圆脆鲜枣的贮藏保鲜期，1.5%蜂胶涂膜处理保鲜效果最佳。

3. 茶多酚

茶多酚，又名抗氧灵、维多酚、防哈灵，是茶叶中所含的一类多羟基类化合物，简称 TP。茶多酚是茶叶中儿茶素类、丙酮类、酚酸类和花色素类化合物的总称，目前已作为一种天然食品抗氧化剂和抑菌剂在肉制品保鲜、水产品保鲜、枣保鲜中得到应用。大豆分离蛋白是一种具有阻隔性和可食用性的成膜材料，目前也已应用于食品保鲜领域。主要为黄烷醇（儿茶素）类，儿茶素占60%~80%。类物质茶多酚又称茶鞣或茶单宁，是形成茶叶色香味的主要成分之一，也是茶叶中有保健功能的主要成分之一。研究表明，茶多酚等活性物质具解毒和抗辐射作用，能有效地阻止放射性物质侵入骨髓，并可使锶 90 和钴 60 迅速排出体外，被健康及医学界誉为“辐射克星”。

茶多酚为淡黄至茶褐色略带茶香的水溶液、粉状固体或结晶，具涩味，易溶于水、乙醇、乙酸乙酯，微溶于油脂。耐热性及耐酸性好，在 pH 值 2~7 范围内均十分稳定。略有吸潮性，水溶液 pH 值 3~4。在碱性条件下易氧化褐变。遇铁离子生成绿黑色化合物。茶多酚具有较强的抗氧化作用，尤其酯型儿茶素 EGCG，其还原性甚至可达 L-异坏血酸的 100 倍。4 种主要儿茶素化合物当中，抗氧化能力为 EGCG>EGC>ECG>EC>BHA，且抗氧化性能随温度的升高而增强。茶多酚除具有抗氧化作用外，还具有抑菌作用，如对葡萄球菌、大肠杆菌、枯草杆菌等有抑制作用。茶多酚可吸附食品中的异味，因此具有一定的除臭作用。对食品中的色素具有保护作用，它既可起到天然色素的作用，又可防止食品退色，茶多酚还具有抑制亚硝酸盐的形成和积累作用。茶多酚能极强的清除有害自由基，阻断脂质过氧化过程，提高人体内酶的活性，从而起到抗突变、抗癌症的功效。据相关资料显示，茶叶中的茶多酚（主要是儿茶素类化合物），对胃癌、肠癌等多种癌症的预防和辅助治疗均有益处。

刘开华等将茶多酚添加到大豆分离蛋白中制成复合涂膜液，以果实呼吸强度、相对电导率、硬度、腐烂率、可溶性固形物和维生素 C 含量为指标定期取样测定，分析所制成的涂膜液在 4℃

条件下对冬枣贮藏品质和生理的影响。结果表明，含茶多酚的大豆分离蛋白复合涂膜液可明显降低果实的呼吸强度，抑制贮藏期间果实硬度、可溶性固形物和维生素 C 含量的下降，减缓果实相对电导率和腐烂率的上升。试验范围内，4%的大豆分离蛋白溶液中添加 200mg/kg 茶多酚制得的涂膜液处理效果最显著。

李佳等采用不同浓度（1.0%、2.0%、3.0%）的褐藻胶与不同浓度（0.2%、0.4%、0.6%）茶多酚制成溶液，以冬枣为保鲜对象，研究褐藻胶涂膜处理对冬枣在货架期颜色、外观、气体成分、失重率等的影响。实验证明褐藻胶和茶多酚复合可食性膜对冬枣的保鲜起到了一定的作用。其中褐藻胶浓度为 1%和茶多酚浓度为 0.6%涂膜处理后的冬枣保鲜效果最佳。

4. 精油

刘芳等研究在常温条件下不同浓度的峨眉含笑精油处理对冬枣的生理变化及保鲜效果的影响。结果表明，峨眉含笑精油处理对冬枣的保鲜有显著的效果。其中 4μg/g 的峨眉含笑精油处理有效地降低冬枣果实的烂果率和失水率，提高 POD 活性；对维生素 C 和还原性糖的含量的下降也有抑制作用。所以 4μg/g 浓度的峨眉含笑精油对冬枣的处理可以延长常温下冬枣的贮藏时间。

5. 复合保鲜剂

胡云峰等研究了用 10% KDZ 浸泡 2～5min 或 10% KDZ+2% $CaCl_2$+50mg/kgGA_3浸泡 30min，结合微孔保鲜膜包装，灵武长枣室温放置贮藏效果。结果表明，采用 10% KDZ + 2% $CaCl_2$ + 50mg/kgGA_3处理，可降低果实的失重率，减少维生素 C 的损失，抑制酒化作用和对糖分的呼吸消耗，减少贮藏过程中的损失；贮藏到 20d，好果率仍能维持在 83%以上。

甘瑾等采用正交试验确定对灵武长枣的发病腐烂有抑制作用的中药抑菌剂最佳浓度，并使用 $CaCl_2$、GA_3与抑菌剂配制 4 种保鲜剂对长枣进行处理，在常温（18～22℃）条件下贮藏30d，对各处理样品和对照的失重率、腐烂率、软化率及品质指标进行分析。结果表明，保鲜剂中各成分的适宜浓度分别为40g/L的连翘乙醇提取液、20g/L的高良姜水提取液、12g/L的丁香乙醇提取液、10g/kg的$CaCl_2$及75mg/kg的GA_3，灵武长枣用此保鲜剂进行处理，常温条件下贮藏30d，腐烂率仅有12.64%，和对照相比有极显著差异（$P<0.01$），软化率也只有1.83%，失重率为1.82%，同时也保持了果实较好的内在品质，维生素C含量达259.36mg/100g，与对照差异为极显著，可溶性固形物为25.4%、酸度为0.4%、硬度为12.37kg/cm^2，使长枣经常温贮藏后仍具有较好的脆度和风味。

许牡丹等以木枣为原料，采用魔芋精粉复合涂膜方法对其进行保鲜实验。并采用失重率和维生素C含量为指标，以正交试验优化保鲜膜配方。结果表明，常温下，0.5%魔芋精粉、3%山梨酸钾、0.6%甘油并辅以0.3%蔗糖酯的复合涂膜液对木枣保鲜效果最好，各指标均明显优于对照组，有效地延长了保质期。

朱晶等研究金针菇蛋白质酶解肽对冬枣的保鲜效果，试验以冬枣为试材，研究不同浓度金针菇蛋白酶解肽对冬枣贮藏品质和超氧化岐化酶、过氧化氢酶以及清除自由基能力的影响。结果表明，金针菇蛋白酶解肽处理可以明显降低冬枣贮藏期间的腐烂率，显著抑制SOD和CAT活性的下降，有效减少冬枣维生素C损失和保持较高的清除自由基能力。由此可知，金针菇蛋白酶解肽在冬枣果实抗病和防止衰老方面有很好的效果。

6. 钙处理

钙处理在延缓枣采后成熟衰老方面的作用已有很多报道。钙处理保持了细胞膜的结构和功能，增加了果肉的硬度，对果实采后呼吸、乙烯释放以及生理病害的发生均有明显的抑制作用。采前喷钙处理可以使赞皇大枣果实低温贮藏12个月不腐烂，有效地提高了贮藏效果。张勤等研究了钙处理对灵武长枣在0℃左右低温条件下的保鲜效果。结果表明，采前7~10d喷质量浓度为2g/L的氯化钙溶液，枣果贮藏期长，好果率高；采前喷氯化钙溶液的全红果贮藏到60d时好果率为90%，未喷氯化钙溶液的果实贮藏到60d时好果率为84%，说明采前喷氯化钙溶液能明显延长灵武长枣的保鲜期。

（六）不同保鲜剂综合处理应用

付坦等用800mg/kg的纳他霉素和3%的氯化钙溶液对白熟期的冬枣进行处理，探讨了不同保鲜剂处理对冬枣冰温贮藏期间生理生化指标的影响。实验结果表明，与单独冰温贮藏相比，采用纳他霉素与氯化钙进行前处理可明显提高冬枣贮藏期的好果率，延缓果实硬度下降，减少维生素C的损失，并保持较高的过氧化物酶（POD）和超氧化物歧化酶（SOD）活性。在贮藏的第90d时，采用纳他霉素与氯化钙进行前处理的冬枣的硬度分别为21.59kg/cm^2、18.73kg/cm^2，而单独冰温贮藏的硬度为16.72，差异达显著水平（$P<0.05$）。这说明在冬枣保鲜中，当将保鲜剂处理与冰温贮藏相结合时，更有利于冬枣品质的保持。

戴天军等以灵武长枣为试材，研究了保鲜剂不同处理方式对枣果保鲜效果和鲜食品质的影响。试验结果表明，保鲜剂真空渗透和浸果处理减缓了果肉硬度的下降速度，增加了贮藏后期的好果率，枣果好果率和果肉硬度呈正相关。保鲜剂处理也减缓了抗坏血酸和可滴定酸含量的下降速度，抑制了贮藏期蔗糖水解，但对还原糖含量没有明显的效果。保鲜剂真空渗透和浸果处理的蔗糖含量和果肉硬度呈高度正相关（$r_{真空}=0.9718$，$r_{浸果}=0.9942$）。

张婷等在冷藏条件下研究了不同保鲜剂对灰枣贮藏效果的影响，这是提高阿克苏灰枣的保鲜方法。试验设置贮藏温度为-1℃，采用25%A悬浮剂2 500倍液、200mg/L B、壳聚糖、1-

MCP、2，4-D 等药剂对果实进行预处理，同时，结合塑料薄膜包装对阿克苏灰枣进行贮藏试验。采用 A+2，4-D 处理，可减缓阿克苏灰枣果实硬度、可滴定酸和总糖含量的下降、延缓果实维生素 C 的降解、抑制组织相对电导率的升高，这一处理使枣果果实在整个贮期转红率较低，较好的维持了果实贮藏期间的品质，延缓其衰老速度。壳聚糖+B 处理的枣果果实脆腐果率较低，贮至 108d 时，果实脆腐果率仅为 0.19%，有效降低了枣果贮藏期间的发病率。

孙耀强以低密度聚乙烯为基材，利用填充改性的方法，针对改善薄膜的透气性和抗菌性，制备了 2 种不同特性的枣保鲜膜。并对自制聚乙烯保鲜膜的透气性、抗菌性等进行了研究，同时对矿物填充保鲜膜在冬枣常温贮藏保鲜中的应用效果进行了研究。首先，采用碳酸钙等无机矿物填料改性聚乙烯膜，研究了填料添加量对薄膜的透气性能和力学性能的影响。结果表明，随着碳酸钙（未经偶联剂处理）添加量的增加，聚乙烯薄膜的气体透过率逐渐增加，但是力学性能明显下降。其次，制备了 Ag-Zn 系无机抗菌剂，并利用其改性聚乙烯膜，研究了抗菌剂的添加量对薄膜抗菌性能的影响。结果表明，抗菌剂的添加量为 1.5 份时，薄膜对大肠杆菌的抗菌率达到 60.0%。最后，采用矿物填充保鲜膜在冬枣的常温贮藏保鲜上进行了实验，研究了液体保鲜剂处理、采摘方式、包装环境以及果实成熟度对冬枣贮藏效果的影响。结果表明，液体保鲜剂处理对冬枣的保鲜效果并不明显；果柄脱落的冬枣不易贮藏；无机矿物填充膜对于半红冬枣的常温贮藏具有很好的保鲜效果，贮藏 18d 后其可食率达到 93.4%，好果率为 90.2%，口感仍然甜脆。

郭东起以羧甲基纤维素可食性膜作为美极梅奇酵母菌的载体，制备出一种生物涂膜剂，用于冬枣的涂膜保鲜，通过贮藏期冬枣的腐烂指数、失重率、硬度、可溶性固形物、可滴定酸含量、维生素 C含量及呼吸强度的变化，评价该生物涂膜剂的保鲜效果。结果表明，生物涂膜剂涂膜保鲜处理可以有效地降低失重率和腐烂指数，维持冬枣的硬度，抑制可溶性固形物含量、可滴定酸含量和维生素 C含量的下降及呼吸强度增大，延长冬枣的贮藏保鲜时间。因此，本生物涂膜剂对冬枣有很好的保鲜效果。

第十节　袋装保鲜贮藏技术

（一）聚乙烯枣气调保鲜袋

聚乙烯吹塑薄膜作为枣包装物，已经在世界各地广泛使用，但由于普通聚乙烯吹塑薄膜不透气、不透水，在枣贮藏过程中容易造成包装物内 CO_2浓度过高而不利于保鲜。近年来，塑料薄膜袋气调保鲜技术被广泛应用于新鲜枣的保鲜，并以每年 20%的速度增长。美国、日本、法国正在开展通气保鲜袋的研究，主要是在聚乙烯树脂中添加天然活性陶土，但由于保鲜袋的通气量太小，不能解决袋内 CO_2偏高的问题。鲜枣具有较高的代谢活性，贮藏期间容易失水，导致新鲜度降低，易在果肉中积累乙醇，加速果肉软化，加之鲜枣对 CO_2含量特别敏感，鲜枣成为枣中保鲜难度很大的水果。根据对鲜枣生理、病理及贮藏条件的研究，“低温、高湿、低 O_2、超低 CO_2、防腐”的技术措施是鲜枣贮藏的核心技术条件。杨瑞平等对一种通气量大，可以控制 CO_2的排出和 O_2的进入，同时能保持湿度的聚乙烯枣气调保鲜袋进行了报道。山西省农业科学院贮藏保鲜研究所研制出的聚乙烯枣气调保鲜袋是在聚乙烯材料中添加占其重量 0.05%～0.1%的透气母粒，在吹塑机上吹制成筒膜，经光面对辊机挤压粒子使膜面带有 1～15μm 孔长，微孔密度 50 万～100 万个/m^2，透气时间 15～70min（透气时间指长 100mm、宽 100mm 的保鲜袋充足气体后，上面放置 1 个 20g 的重物，在 1 个标准大气压下，保鲜袋中气体排出的时间）的筒膜，再切割热封制成单开口气调保鲜。这种聚乙烯枣气调保鲜袋，可以控制 CO_2 的排出和 O_2 的进入，同时能保持湿度。以该保鲜袋为试材，进行了冬枣贮藏保鲜试验。结果表明，用这种气调保鲜袋贮藏冬枣，冬枣的保鲜期可以达到115d，达到了气调库的保鲜效果。

（二）不同包装方式

张红梅以冬枣为食材，在低温冷藏库（-1~0℃）冷藏条件下，研究微孔保鲜膜、聚乙烯打孔袋、聚氯乙烯打孔袋包装对冬枣生理及贮藏保鲜效果的影响。定期统计其转红指数和腐烂指数，同时测定失重率、硬度。结果表明，这些处理能维持较高的硬度，延缓果实维生素 C 含量的下降。可滴定酸含量明显高于其他处理。微孔保鲜膜结合低温冷藏库保鲜冬枣，能很好地保持冬枣固有的品质，保鲜效果极佳。

刘艳等以冬枣为试材，在常温条件下（18~20℃），研究硅窗和打孔包装对冬枣的贮藏保鲜效果，定期统计其转红指数、腐烂指数和软果率，同时测定硬度、总糖、总酸及乙醇含量等指标的变化。分析表明，硅窗和打孔包装对冬枣的保鲜效果均优于对照组，打孔包装效果明显优于硅窗组，试验条件下以打 2 个孔保鲜效果最佳。

第十一节　综合处理对枣保鲜贮藏影响

目前，鲜枣的保鲜贮藏大多采用以上介绍方法组合的方式延长鲜枣的货架期，然而不同的组合，所需要的配比不同，效果也不同。

刘会珍等为探索不同处理对冬枣贮藏品质的影响，以河北冬枣为试材，研究了壳聚糖处理（2g/100mL）、热水处理（50℃，20min）以及两者结合处理时对冬枣在常温（20+1）℃，相对湿度60%~80%条件下贮藏品质的影响。结果表明，与对照相比，3个处理均能抑制果实烂果率和失重率的变化（$P<0.01$），延缓果实硬度和维生素C含量的下降，抑制果实呼吸速率的变化（$P<0.05$）。其中，壳聚糖（2g/100mL）+热水处理（50℃，20min）保鲜效果最优，能有效地保持冬枣的贮藏品质，延长货架期，该处理贮藏25d后的果实烂果率仅为40.0%，失重率和呼吸速率分别为6.68%和91.4mgCO_2/（g·h），果实硬度和维生素C含量分别为9.23kg/cm^2和2.57mg/g。

赵晓梅等以灰枣和梨枣为试材，研究了冷藏、保鲜袋+冷藏、自制保鲜纸+保鲜袋+冷藏、普通纸+保鲜袋+冷藏对鲜枣保鲜效果的影响。结果表明，在贮藏温度（1±0.5）℃，相对湿度90%~95%条件下贮藏28d后，适宜的贮藏条件结合常温贮运4d，可使八成熟的鲜枣有效贮藏32d，好果率达80%；冷藏条件下，（自制保鲜纸+保鲜袋+冷藏）处理能较好地保持鲜枣的可溶性固形物、总酸、维生素C含量和果实硬度，并且能降低袋内的湿度，抑制腐烂现象的发生；通过品种间比较，灰枣具有较厚的蜡质表皮和较高的营养成分，更适合贮运保鲜。

袁毅探讨缓释二氧化氯制剂和热水处理在全红期冬枣上的应用。研究了缓释二氧化氯和热水处理对冬枣呼吸强度、可滴定酸、乙醇含量、可溶性固形物含量及好果率、腐烂率、失重率的影响。实验结果表明，经实验处理的冬枣在贮藏后，其好果率、可滴定酸含量、可溶性固形物含量和维生素C含量均高于对照组，失重率、腐烂率、呼吸强度和乙醇含量均低于对照组。

武杰等以冬枣为试材，研究3种处理方式对其货架期品质的影响。通过测定冬枣的呼吸强度、硬度、总可溶性固形物、维生素C、乙烯释放量、乙醇积累等指标，研究热水浸泡、1-MCP熏蒸、纳米袋包装3种处理对冬枣果实的保鲜效果。结果表明，3种处理方法均不同程度保持了枣果货架期品质。其中，纳米袋包装保鲜效果最佳，有效维持了冬枣果肉硬度和维生素 C 含量，延缓其色泽由绿到红的转变和总可溶性固形物上升，抑制了冬枣的呼吸强度及乙烯和乙醇的产生，货架期 15d 后，仍具有商品价值。

蔡铭研究了由 3 种提取方法获得的八角茴香油对冬枣的保鲜效果，通过将八角茴香油与 1%壳聚糖复合涂膜，定期测量贮藏过程中冬枣的腐烂率、失重率、可溶性固形物及果皮强度和果肉硬度等指标的变化，揭示不同八角茴香油对冬枣保鲜作用。结果表明，3 种方法获得的八角茴香油的壳聚糖复合涂膜对冬枣的保鲜效果均优于对照组，且微波和超临界的八角茴香油效果较佳，八角茴香油对冬枣保鲜的最佳浓度为 0. 3%。

陈蔚辉等采用家用微波炉对采后台湾青枣果实进行微波处理，研究处理后果实的贮藏寿命及营养品质变化。结果表明，20~25s 的微波处理，能延缓果实呼吸高峰的出现，对果实贮藏期间可溶性固形物、有机酸、维生素 C 的降解有一定的抑制作用，减缓了果实含水量的下降，提高了果实的好果率，使贮藏寿命延长了 2~3d。

孟伊娜等以新疆 3 个红枣品种灰枣、河北脆枣、骏枣为试验材料，研究直接冷藏、保鲜袋+冷藏对鲜枣保鲜效果的影响及红枣货架期期间品质。研究其贮藏期间（0~49d）在贮藏温度 0℃、相对湿度 90%~95%的不同处理条件下贮藏品质（质量损失、腐烂率、外观、硬度、可溶性固形物、总酸含量、维生素 C 含量、多酚氧化酶活力、还原糖含量）的变化和货架期（1~7d）贮藏品质（质量损失、腐烂率、外观、感官、硬度、可溶性固形物含量）的变化。结果发现，在整个贮藏期间，2 个不同处理方式下，3 个品种枣重量、硬度、维生素 C 含量呈现缓慢下降趋势，而可溶性固形物、总酸、还原糖含量则呈现缓慢上升趋势，多酚氧化酶活力呈现不规律的趋势；而保鲜袋+冷藏处理能较好的保持鲜枣的总酸、硬度、维生素 C、重量损失情况；在货架期期间，2 个不同处理方式下，3 个品种枣重量、硬度、可溶性固形物含量呈现缓慢下降趋势，且保鲜袋+冷藏处理能较好的保持鲜枣的硬度、重量损失、可溶性固形物含量情况。所以说，就 3 个品种而言，灰枣和河北脆枣较耐贮藏，更适于进行保鲜；就 2 种处理而言，保鲜袋+冷藏处理更适用于鲜枣的保鲜。

第五章　国内外枣保鲜贮藏技术

枣含有人类生活所需要的多种营养物质，但枣生产的季节性和区域性较强，且容易腐烂，这同广大消费者对枣的多样性及淡季调节的需求相矛盾。因此依靠先进的科学技术，尽可能延长或保持枣的天然品质和特性，就成为食品领域的重要研究课题。目前，我国基本上仍采用机械低温贮藏和化学药剂来保鲜枣。然而低温贮藏成本高、耗能大、质量不稳定；化学处理又会带来健康危害和环境污染等问题。生物保鲜技术克服了以上保鲜法的不利因素和弊端，具有贮藏环境小，贮藏条件易控制，处理目标明确，处理费用低，符合绿色环保要求，并能节省资源和减少能源浪费，防止污染等优点。特别是随着生活水平的提高，人们对食品卫生的要求越来越高，希望能吃到天然、安全、无化学制剂残留的食品，因此，采用生物保鲜技术防止枣腐烂变质的研究和开发显得更为迫切和重要。

第一节　微生物拮抗保鲜菌保鲜

微生物的抗菌效果是由于它可以产生抗生素、细菌素、溶菌酶、蛋白酶、过氧化氢和有机酸，改变了 pH 值等因素，这种具有拮抗作用的微生物菌可以抑制或杀死枣中的有害微生物，或与有害微生物竞争枣中的糖类等营养物质，阻止储存期间枣维生素 C、糖含量和 SOD 活力的下降，从而达到防腐保鲜，提高枣质量的目的。微生物拮抗保鲜菌保鲜采用了现代微生物技术，利用菌体次生代谢产物或直接利用微生物菌体和抗菌肽对食品进行保鲜。微生物拮抗保鲜技术具有无色、无味、无毒、无害等特点。

（一）菌体次生代谢产物保鲜枣

微生物发酵生产周期短，不受季节、地域和病虫害条件的限制。因此从微生物的次生代谢产物中研制生物保鲜剂，具有广阔的发展前景。张福星等利用多种微生物菌种发酵提取液，混合制成fb-203 型生物保鲜液，并将其稀释液对草莓果实进行细喷雾或浸蘸晾干后，对常（室）温条件下的草莓进行了保鲜研究。结果表明，fb-203 型生物保鲜液（膜）对草莓果实常（室）温保鲜贮藏有比较明显的效果，该保鲜剂较明显地抑制了草莓灰霉病等菌害和病害的侵染，能减少草莓果实表面失水，从而保持了果实的新鲜感，并且有一定的缓解草莓果实有机酸和还原糖的分解作用，促使草莓 pH 值上升速度变慢。枣也可以进行相关的应用试验。

（二）直接利用微生物菌体保鲜枣

目前已有学者正在进行直接用微生物菌体对枣保鲜的研究。刘绍军等进行了用啤酒酵母菌对草莓保鲜的研究。结果表明，啤酒酵母菌对草莓的后熟起到推迟作用，从而减轻了草莓的腐烂程度。欧体库尔·玛合木提等从葡萄表面分离得到 1 株链霉菌 H2，用于新疆甜瓜的防腐保鲜。甜瓜经过 H2 菌剂处理，在室温（15~20℃）贮藏了 60d，有效地防止了甜瓜的霉腐，并且对甜瓜的风味没有影响。国外已有人用有益真菌（Trichoderma harzanium）对新西兰猕猴桃进行了防霉研究；还有一些利用木霉对枣进行防病保鲜的报道。例如，美国、法国和英国利用多孢木霉对洋梨、蘑菇和苹果进行防病保鲜。我国也有一些应用木霉对茉莉花、茄子、蜜柑等进行保鲜的研究报道。美国科学家还从酵母中分离出一种能防止水果腐烂的菌株，可防止苹果的斑烂。

乙烯具有促进蔬果老化和成熟的作用，所以要使蔬果保鲜达到目的，就必须去掉贮存环境的乙烯。科学家经过筛选研究，分离出一种 NH-10 菌株，该菌株能够制成 NH-T 乙烯去除剂，可用于防止葡萄贮存中发生的褐变、松散和掉粒以及防止番茄、辣椒失水、变色和松软，具有明显的保鲜效果。枣也可以进行相关的应用试验。

（三）利用抗菌肽保鲜

抗菌肽多数具有强碱性、热稳定性以及广谱抗菌等特点。某些抗菌肽对部分真菌、原虫、病毒及癌细胞等均具有强有力的杀伤作用。邱芳萍等从吉林林蛙干皮中纯化得到的 FSE-31.5 抗菌肽，对草莓具有较好的防腐保鲜效果。彭穗等采用乳酸链球菌素 Nisin 与复合生物酶对辣椒在常温下的生物保鲜工艺进行了研究。结果表明，随着 Nisin 与复合生物酶的增加，酸含量和氨基酸含量都减少，pH 值相对增加，能有效抑制辣椒的发酵，延长辣椒保质期。枣也可以进行相关的应用试验。

第二节　天然提取物质及仿生保鲜剂的保鲜研究

从天然物质中提取、确定、筛选出抑菌效果好，且具有互补效应的活性物质，与其他有效活性物质复配，使其既具有良好的成膜性，又有高效杀菌和吸收乙烯的功能，并能调节枣采后的生理代谢，在不同程度上延缓枣的衰老腐烂。

天然提取物质及仿生保鲜剂的保鲜特点及保鲜方式。天然提取物质、仿生保鲜剂是从天然物质提取的生物活性物质，该物质能抑制枣表面微生物的活性，降低枣中酶的活力，所以能够减弱微生物活动对枣的影响，降低枣的生理活动强度，无毒无害，从而起到绿色保鲜的效果。天然提取物质应用的主要方式包括，提取物质浸蘸、熏蒸、喷洒、保鲜纸和涂膜剂等。

（一）中草药植物浸提液保鲜枣

利用天然中草药等具有抗菌活性的提取物对鲜枣进行处理，保鲜效果比较明显。中草药成分之间存在抗菌性的协同增效作用。高海生用百部、虎杖、良姜、黄连素等中草药进行超临界提取，提取物配以淀粉、魔芋、卵磷脂等制成的中草药复合制剂，对枣具有较好的防腐保鲜作用。周浩等从 20 余种具有抗菌作用的中草药中，筛选出 5 种能显著抑制枣常见病害霉菌生长的药种，大黄、白鲜皮、知母、桉叶和茴香，用添加这些天然防腐剂的涂料对几种水果进行了保鲜贮存。保鲜效果明显优于多菌灵涂膜试样。毛琼等以具有优良防霉抑菌作用的几种天然中草药为原料，制成保鲜剂，并对河北水晶梨进行了贮藏保鲜试验。结果表明，这些中草药具有良好的保鲜效果，在室温下，样品生理变化推迟，能保持较好的鲜度，营养成分损失减少。段翰英，何永佳等选用金银花、大黄、高良姜 3 种中草药提取液对黄瓜进行保鲜。结果表明，用这 3 种中草药提取液浸泡过的黄瓜，在感观品质、维生素 C 保存率、保水性方面都比空白组好得多。可见用中草药保鲜黄瓜有明显的效果，特别是用金银花—高良姜处理过的黄瓜，失水率小、维生素 C 损失少、保存时间较长、颜色保持得最好。R. Oller 报道了欧洲关于肉桂在水果保鲜上的应用效果。结果表明，用肉桂中提取出的肉桂酸喷雾处理，能够明显延长桃、柑橘、梨、苹果、李子、油桃以及一些鲜切果蔬，如西红柿、杧果、甜瓜、柠檬等的保鲜货架期。鲜枣也可以开展相关的应用试验。

（二）天然植物精油的防腐保鲜

食用香料植物之所以能防腐抑菌，真正起作用的是其活性物质精油。精油的抑菌活性可能是多种成分相互作用的结果，不是单一成分所能达到的作用。不同精油混合或一种精油与其他抗菌物质相混合可起到增效作用。研究证明，芥菜籽、丁香、桂皮、小豆蔻、芫荽籽、众香子和百里香等精油都有一定的防腐作用。席玙芳（1999）研究表明，2.5%大蒜汁、10%洋葱汁和40%生姜汁的混合液，对防治柑橘青霉病有较好的效果；锦橙果实接种柑橘青霉和绿霉后，用0.1%的香叶油和香茅油浸果，使其开始腐烂的时间推迟了4~6d；用体积分数为0.1%的香茅醇以及百里香酚、樟脑油和桉叶油混合液处理，可以控制洋葱鳞茎的黑霉病，能有效减少贮藏于室温下洋葱的腐烂和发芽。研究发现用体积分数为0.1%的香叶醇处理果实，可分别减少由Penicillium digitatum，Diplodia和Alternaria引起的腐烂发病率40%、60%和100%。枣也可以进行相关的应用试验。

（三）利用动物源提取物质防腐保鲜

曾名勇等从海洋贝类壳中提取一种天然保鲜剂OP-Ca，具有对多种细菌、霉菌、酵母的抑制作用。OP-Ca保鲜剂在中性和偏碱性条件下使用较理想，该保鲜剂具有一定的热稳定性。雷明霞等的研究表明，用蜂胶提取液对苹果进行采后防腐处理，其抑菌效果远强于使用TBZ（苯并咪唑）、苯莱托（1-甲酰替正丁胺）和多菌灵等一般防腐处理药物，适用于苹果的采后防腐保鲜。枣也可以进行相关的应用试验。

第三节　基因工程技术保鲜枣的研究

基因工程技术保鲜将进行枣完熟基因、衰老调控基因、抗病基因、抗褐变基因和抗冷基因的转导研究，从基因工程角度解决产品的保鲜问题。基因工程技术保鲜枣的保鲜特点及保鲜方式。基因工程保鲜技术，是主要通过减少水果生理成熟期内源乙烯的生成、控制细胞壁降解酶的活性以及延缓水果在后期成熟过程中的软化，来达到保鲜的目的。

(一) 利用转基因技术抑制乙烯的生成

苹果、桃子、香蕉、番茄等有呼吸高峰期的水果，在成熟过程中会自动促进乙烯的释放，人们通过不同的途径来控制植物中乙烯的生成。目前，日本、美国、新加坡等国的研究人员从基因工程角度，利用基因替换技术，抑制乙烯的生物合成及积累，从而达到保鲜的目的。美国科学家将氨基环丙烷羧酶（ACC）氧化酶的反义基因导入番茄，抑制了该酶的活性，从而延长了果实的贮藏寿命。另一些美国科学家还开创了另一种抑制番茄果实乙烯积累的方法。他们将假单胞菌的 ACC 脱氨酶（可降解 ACC 形成 α-酮丁酸）基因转入番茄中，该基因在番茄果实中的超表达，抑制了 90%~97%的乙烯产生量，使果实贮藏寿命延长 36 周。日本科学家已找到产生乙烯的基因，如果关闭这种基因，就可减慢乙烯的释放速度，从而延缓果实的成熟和衰老速度，达到在室温下延长水果货架期的目的。1995 年，一些学者培育出一种抑制 ACC 合成酶的转基因番茄，使其货架期延长了 30~40d。新加坡国立大学的研究人员已经成功地修改了植物体内产生乙烯气体的基因。枣也可以进行相关的应用试验。

(二) 利用转基因技术控制枣细胞壁降解酶的活性

研究认为，果实的软化及货架寿命与细胞壁降解酶的活性，尤其与多聚半乳糖醛酸酶和纤维素酶的活性密切相关，也受果胶降解酶活性的影响。目前，已经阐明编码细胞壁水解酶（如 PG 酶与纤维素酶）的基因表达，这些酶在调节细胞壁的结构方面发挥了重要的作用。美国的科学家将多聚半乳糖醛酸酶（简称 PG 酶）基因的反义基因导入番茄，使 PG 酶基因产生的 mRNA 与反义 RNA 结合，而不能编码正常的 PG 酶，番茄成熟变软的问题也就迎刃而解了。Calgene 公司 1989 年获得了 PG 基因及其使用的专利，自 1988 年起，开始进行转基因番茄大田试验。美国联邦食品和药物管理局于 1994 年 5 月 18 日正式批准“Flaur

Saur”上市，从此，在美国的蔬菜市场上，人们便可买到“转基因番茄”。枣也在进行相关的应用试验。

第四节　防腐杀菌保鲜剂

枣在采收前施用防腐杀菌剂，不仅能够抑制其生长过程中的病害发生，而且能大大减少贮藏中的病害。由于其适宜的贮藏温度较高，微生物侵染所引起的病害和腐烂，是影响贮藏质量和贮藏寿命的主要原因。因此，采前施用杀菌剂一类的药物，减少带病枣入贮，是降低贮藏期间枣腐烂率的有效措施。另外，田间带病严重，往往会造成贮藏后期及出库后的货架期间果实大量腐烂。因此，应该加强果园的防病管理，减少和控制田间病害的发生。

（一）甲基托布津

采前每隔2周叶面喷施（应用也可与2，4-D结合使用），一般可单独使用一种药剂，若将2~3种药剂混合施用效果可提高。使用浓度500~1 000mg/kg防腐。

（二）多菌灵

与甲基托布津相同。

（三）特克多

采前每隔2周叶面喷施1 000~2 000mg/kg防腐。

枣采前应用的防腐剂很多，其使用浓度范围也较宽。使用者应与田间病害发生的程度，适当增加或减少使用浓度和施用次数。而且，可选用1~3种不同杀菌剂混合使用。一般一种药剂连续使用后，往往会使病菌对药剂的抗性增强，使药效降低。因此，适时更换施用药剂或增大使用浓度以及采用儿种杀菌剂混合使用，会有效的提高杀菌治病的作用。

第五节　拮抗酵母菌复合保鲜技术

拮抗酵母菌复合保鲜技术是一种有效的新型枣保鲜技术，通过拮抗酵母菌与低浓度的添加剂或诱导剂联合使用可以实现对病原菌的有效防控。该技术不仅克服了单独使用拮抗酵母菌易受环境因素影响、对病原菌控制效果局限等缺陷，而且减少了添加剂或诱导剂等带来的枣中残留问题，在增强拮抗酵母菌抑菌效果的同时降低了拮抗酵母菌的用量，有效实现安全性能高、抗菌谱广、保鲜成本低等特性，在新鲜枣贮藏保鲜领域有着广阔的应用前景。

第六节　国外保鲜新技术

冬枣的长期贮藏保鲜仍处于研究阶段。有效地控制冬枣的生理变化，努力实现长期保鲜依然是一项艰巨的工作任务，科研人员正在研究。现将世界上有关保鲜技术的新趋势介绍如下。

（一）保鲜纸箱

日本食品流通系统协会近年来研制出一种新式纸箱，是用一种“里斯托瓦尔石”（硅酸盐的一种）作为纸浆添加剂制纸做成的。这种纸箱用纸，因高含这种石粉，对各种气体具良好的吸附作用，且价格便宜又无须高成本设备，有较长时间的保鲜作用，应用前景广阔。

（二）微波保鲜

微波保鲜是荷兰一家公司对水果进行低温消毒的一种保鲜方法。它采用微波在 2min 内将其加热到 72℃，然后将这种经处理后的食品，在 0~4℃ 环境下贮藏可保证 42~45d 不会变质，这种方法十分适宜淡季供应水果。

（三）加压保鲜

由日本京都大学粮科所研制成功，它是利用压力制作食品的方法，给枣果加压杀菌后可延长保鲜时间，提高新鲜度。保存枣果最为理想的陶瓷保鲜袋由日本一家公司研制成功，它应用的是一种具有远红外线效果的枣果保鲜袋，主要是在袋的内侧涂上一层极薄的陶瓷物质，通过陶瓷物质所释放出来的红外线与枣果所含的水分发生强烈的“共振”运动，从而使枣果得到保鲜。

（四）烃类混合物保鲜

这是英国一家塞姆培生物工艺公司研制出的一种使枣果贮藏寿命延长1倍的“天然可食保鲜剂”，它采用的是一种复杂的烃类混合物。在使用时，将其溶于水中或溶液状态，然后将需要保鲜的枣果浸泡在溶液中，使枣果表面很均匀地涂上一层液剂，这样就降低了氧的吸收量，也降低了枣果贮藏中所产生的CO_2。该保鲜剂的作用，类似给枣果涂了一层麻醉剂，使其处于休眠状态。

（五）磁场杀菌保鲜

磁场杀菌又称磁力杀菌，磁场分高低频磁场。大量试验表明，低频磁场对微生物生长有很强的抑制作用，它能控制微生物生长和繁殖，使细胞钝化，分裂速度大大降低。磁场杀菌保鲜的优势：低频磁场主要是利用其对微生物的抑制作用来实现保鲜，与传统的保鲜方法相比，它不会损失枣的营养成分和改变其质量特性，更不会污染枣，对人体产生不良影响。磁场保鲜技术尚处于试验阶段，所用的实验装置主要是将具有一定强度的永磁铁或电磁铁平行放置，利用N极与S极之间所形成的磁场来处理枣，目前该技术还未大规模应用于食品工业生产中。

（六）生物技术保鲜

现代食品生物保鲜技术是在生物科学的基础上，融合多种学科及技术发展起来的一个新兴研究领域。其定义虽然目前未有确切的提法，但其主要是指以生物有机体或其组成部分为材料，运用现代生物科学和其他多种学科的知识和技术，按照预先的设计，对其进行控制、改良或保鲜（保藏）处理，用来开发新产品或新工艺的技术。生物保鲜技术的优势：可以有效地抑制或杀灭有害菌等，更有效地达到保鲜的目的；无毒物残留，无污染，真正做到天然和卫生；能更大限度地保持食品原有风味和营养成分，并且外观形态不发生变化；节约能耗，利于环保；在保鲜的同时，还有助于改善提高食品的品质和档次。生物防治在枣贮藏保鲜上的应用得到进一步的重视，是很有发展前景的贮藏保鲜方法。例如，生物防治中将病原菌的非致病菌株喷布到枣上，可以降低病害发生所引起的枣腐烂，从而减小因采后贮藏病害造成的损失。

第七节 其他农业技术的应用

加强枣园栽培管理，合理施肥和灌水，不仅能够增产丰收，为市场提供品质优良的枣产品，同时也为长期贮藏提供了保证。一般枣原料品质越高，其耐贮性和抗病性都明显增强，原料品质较低，则贮藏寿命大大降低。在枣栽培管理等农业技术中，影响枣贮藏的主要措施是施肥与灌水技术。首先，施肥对枣的品质及耐贮藏性的影响很大。一般用于长期贮藏的枣，在生产过程中，应尽量控制氮肥的施用量。特别是在中后期，应适当增加磷、钾、钙肥和硼、锰、锌、铁等复合肥，或在生长期采用叶面喷施技术，来提高枣的钙、硼、锰、磷、钾含量，降低氮/钙比等，平衡各元素与氮的关系，从而提高枣的耐藏性与抗病性（主要是抗生理病害）。而过多的施用氮肥往往会使枣抗性降低，缩短其贮藏寿命，严重时会增加腐烂损耗。因此，枣生产中强调要施用有机肥和复合肥。其次，合理的灌溉是保证枣正常生长的有效措施，一般要求枣在采前 7~10d 停止灌水。否则，会大大降低枣的贮藏性能，增大贮藏期间的腐烂和失水等损耗。

随着人们生活质量的提高，对枣的消费需求正由“数量消费”向“质量消费”转变，即要求新鲜、方便、营养、安全的洁净枣商品，枣的保鲜越来越受到社会的关注。传统的枣保鲜技术耗资大，使枣采后的加工成本增加，从而提高了枣商品的销售价格。随着国际市场对农产品监测指标的逐步完善，枣产品要拿到国际市场的通行证，必须突破“绿色壁垒”，因此，应用新型的、无污染的、可降解的生物保鲜技术，将是人们研究的一个重要方向。

枣果实以其丰富的营养、独特的医疗保健作用和显著的疗效而受到广泛关注。近年来，我国对枣果实进行了大量研究并取得了丰硕成果。但整体而言，对枣果实功能成分及其保健食品的研究与开发尚处于起步阶段，仍有一些问题需要进一步深入研究。

一是目前枣果实功能成分研究多以不同种类成分研究为主，而同一种类中的不同单体功能成分、分子结构、理化性质、生理功能、作用机理以及相互之间的构效关系、量效关系等还有待深入细致的研究，为进一步发展枣果实保健食品提供科学的理论依据。

二是枣果实中不同种类以及各种单一功能成分之间关系、它们之间可能产生的协同或拮抗作用。如枣果实中的黄酮和膳食纤维，它们都具有调节血糖、血脂的生理活性，但二者之间的协同作用还有必要进一步深入研究。

三是对影响枣果实功能成分生物利用率、作用效能的因素以及它们在不同加工工艺和存储条件下的变化机理进行研究。

四是开展枣果实保健食品安全性评价方面的研究。目前枣果实保健食品的安全性是建立在枣果实长期食用、药用的经验基础之上的，缺少系统而全面的毒理学研究数据。枣果实中的不少功能成分作为药物可以应用，但作为保健食品长期广泛的食用其安全性还有待于确定。随着社会经济的不断发展，人们的保健意识日益增强，对保健食品的需求量也会越来越大，开发枣果实保健食品有着广阔的市场发展前景。运用各种新技术新手段研发具有特定功能的保健产品，加强对枣果实这一宝贵资源的深度开发和综合利用，使其更好的发挥保健食品和药品的作用。开发枣果实保健食品不仅能增加市场上枣制品的种类，增加枣果实的经济附加值，同时对于进一步开拓枣制品的国际市场、带动整个枣产业的发展都具有非常重要的意义。

参考文献

艾克拜尔·艾海提 . 2013. 红枣浓缩清汁与饮料加工工艺研究［D］. 无锡：江南大学 .

艾启俊，徐文生 . 2004. 干枣制作蜜枣过程中色泽变化的研究 . 中国农学通报，20（1）：146-148.

班兆军，冯建华，徐新明，等 . 2010. 不同保鲜膜对灵武长枣低温贮藏品质的影响［J］. 保鲜与加工（1）：20-23.

蔡铭，郭向阳，孙培龙 . 2013. 3 种提取方法的八角茴香油对冬枣的保鲜效果［J］. 食品科技，38（10）：264-269.

曹艳萍，杨秀利，薛成虎 . 2007. 红枣中齐墩果酸提取工艺的研究 . 食品科学，28（10）：165-167.

陈锋 . 2014. 海藻寡糖对台湾青枣贮藏保鲜效果研究［J］. 北京农业（18）：237-238.

陈昆松，徐昌杰，楼健，等 . 1999. 脂氧合酶与猕猴桃果实后熟软化的关系［J］. 植物生理学报，25（2）：138-144.

陈蔚辉，曾程忠 . 2008. 微波对台湾青枣果实采后营养品质的影响［J］. 食品科技，33（12）：80-83.

陈延，饶景萍，左俊，等 . 2006. 1-MCP 处理对冬枣冷藏中生理变化及保鲜效果的研究［J］. 西北农业学报，15（3）：157-161.

陈贻金，何祥生，陈漠林 . 1991. 中国枣树学概论［M］. 北京：中国科技出版社 .

陈月英，王林山 . 2010. 莲藕红枣保健果冻的研制［J］. 中国农学通报，26（18）：99-101.

崔福顺，周丽萍，南昌希 . 2006. 红枣果冻的加工工艺研究［J］. 江苏农业科学，6：376-377.

戴莹，王纪华，韩平，等 . 2015. 拮抗酵母菌复合保鲜技术在枣保鲜中的应用研究进展［J］. 食品安全质量检测学报，3：3.

党辉 . 2001. 速溶红枣粉加工工艺研究［D］. 西安：陕西师范大学 .

邓红梅，覃伯贵 . 2005. 温度对酿酒酵母产酒量的影响［J］. 茂名学院学报（3）：23-25.

段翰英，何永佳 . 2006. 中草药提取物在黄瓜保鲜上的应用研究［J］. 现代食品科技，22（1）：95-96.

樊君，吕磊，尚红伟 . 2003. 大枣的研究与开发进展［J］. 食品科学，24（4）：161-163.

冯海，袁毅，刘利军 . 2010. 二氧化氯的催化法制备及其对冬枣的保鲜效果［J］. 安徽农业科学（30）：17 351- 17 353.

付坦，鲁晓翔，陈绍慧，等 . 2012. 保鲜剂处理对冬枣冰温贮藏中品质的影响［J］. 食品工业科技，33（23）：343-347.

付坦 . 2013. 冬枣冰温保鲜技术的研究［D］. 天津：天津商业大学 .

甘瑾，马李一，张弘，等 . 2008. 中药复合保鲜剂对灵武长枣常温贮藏效果的影响［J］. 食品科学，29（9）：607-610.

高翠丽，李传平，李倩，等 . 2013. 海藻酸钠在食品保鲜中的应用研究［J］. 青岛大学学报：工程技术版（1）：77-83.

高海生，赵希艳，李润丰 . 2007. 枣采后处理与贮藏保鲜技术研究进展［J］. 农业工程学报，23（2）：273-277.

高青 . 2011. 红枣葛根凝固型酸奶加工工艺研究［D］. 南昌：南昌大学 .

郜文 . 2000. 银杏大枣保健露酒的试制工艺［J］. 食品工业科技，2（1）：16-18.

宫文学，张有林，于月英 . 2010. 狗头枣贮藏保鲜关键技术研究［J］. 食品工业科技（4）：333-335.

龚新明，冯云霄，关军锋，等 . 2009. 1-MCP 对冬枣常温贮藏生理和品质的影响［J］. 保鲜与加工，9（3）：38-41.

关文强，李淑芬 . 2006. 天然植物提取物在果蔬保鲜中应用研究进展［J］. 农业工程学报，22（7）：200-204.

郭东起，侯旭杰 . 2013. 冬枣的生物涂膜保鲜研究［J］. 食品研究与开发，34（9）：98-103.

郭东起，王群霞，侯旭杰 . 2012. 蜂胶涂膜对圆脆鲜枣贮藏保鲜效应［J］. 食品科技（4）：26-30.

郭满玲，李新岗 . 2004. 我国鲜食枣品种资源及分布研究［D］. 杨凌：西北农林科技大学 .

郭盛，唐于平，段金廒 . 2008. 大枣的化学成分及药理作用研究进展［C］//全国第 8 届天然药物资源学术研讨会论文集 . 江苏：中国自然资源学会天然药物资源委员会 .

郭盛 . 2008. 和田玉枣黄酮提取工艺及其抗氧化活性的研究［D］. 西安：陕西师范大学 .

郭衍银，孙薇，赵向东，等 . 2008. 不同冻藏温度对速冻冬枣品质的影响［J］. 安徽农业科学，36（19）：8 290- 8 292.

郭艳茹 . 2008. 冬枣贮藏保鲜方法［J］. 现代农业科技（23）：68-69.

韩海彪，张有林，沈效东，等 . 2008. 不同气体成分对灵武长枣贮藏中生理变化的影响［J］. 农业工程学报，23（10）：246-250.

韩俊娟，木泰华，张柏林 . 2008. 膳食纤维生理功能的研究现状［J］. 食品科技，33（6）：243-245.

韩志萍 . 2006. 陕北红枣中总黄酮的提取及含量比较［J］. 食品科学，27（12）：560-562.

郝春颖 . 2015. 使用酸枣仁汤治疗甲亢失眠的效果观察［J］. 当代医药论丛（10）：151-152.

胡波，谢志兵，姚国新，等 . 2015. 冬枣贮藏效果与相关酶活性的相关研究［J］. 湖北工程学院学报（3）：57-59.

胡丽红，傅力 . 2009. 红枣醋及枣醋饮料生产工艺的研究［D］. 新疆农业大学，1（3）：26-27.

胡晓艳，乔勇进，陈召亮 . 2011. 壳聚糖涂膜对沪产冬枣贮藏期品质的影响［J］. 食品与机械（1）：109-112.

胡晓艳，乔勇进，王海宏，等 . 2011. 1-MCP 处理对沪产冬枣生理及保鲜效果的影响［J］. 经济林研究，28（4）：24-29.

胡云峰，吴强，薛丽霞，等 . 2008. 复合保鲜剂对灵武长枣贮藏效果的研究［J］. 中国果树（2）：46-48.

化志秀 . 2013. 枣醋加工工艺及性能比较研究［D］. 咸阳：西北农林科技大学 .

霍文兰，刘步明，曹艳萍 . 2006. 陕北红枣总黄酮提取及其抗氧化性研究［J］. 食品科技（10）：45-47.

冀晓龙 . 2014. 杀菌方式对鲜枣汁品质及抗氧化活性的影响研究［D］. 咸阳：西北农林科技大学 .

贾小丽，张平，马涛，等 . 2006. 壳聚糖涂膜对冬枣室温条件下生理生化的影响［J］. 保鲜与加工，6（1）：25-27.

姜桥，王金丽，荣瑞芬，等 . 2011. 采前低聚壳聚糖处理对冬枣果实抗病性的诱导［J］. 食品科技，36（3）：26-29.

焦文月 . 2012. 红枣果酱加工工艺研究［D］. 咸阳：西北农林科技大学 .

颉敏华，张永茂，李守强，等 . 2008. 灵武长枣采后保鲜贮藏特性研究［J］. 西北植物学报，28（5）：1 031- 1 035.

寇晓虹，王文生，吴彩娥，等 . 2000. 鲜枣果实衰老与膜脂过氧化作用关系的研究［J］. 园艺学报，27（4）：287-289.

赖建，张渭 . 2000. 采后茄子的生物保鲜研究［J］. 农业工程学报，16（5）：138-140.

雷逢超，钟玉，张有林，等 . 2011. 鲜枣采后生理及贮藏保鲜技术研究进展［J］. 陕西农业科学，57（3）：153-157.

雷明霞，王喜平 . 2003. 蜂胶浸出液在预防苹果腐烂病中的应用探析［J］. 养蜂科技（3）：40-41.

李红卫，冯双庆 . 2003. 冬枣采后果皮成分及氧化酶活性变化与乙醇积累机理的研究［J］. 农业工程学报，19（13）：165-168.

李佳，丁俏羽，陈珊珊，等 . 2013. 褐藻胶与茶多酚可食性膜对冬枣保鲜研究［J］. 食品科技，38（10）：46-50.

李进伟，李苹苹，范柳萍，等 . 2009. 枣蛋白聚糖的纯化及其免疫功能研究［J］. 食品与发酵工业，35（3）：12-14.

李梦钗，冯薇，葛艳蕊，等 . 2012. 臭氧处理对冬枣果实多酚氧化酶和过氧化物酶活性的影响［J］. 北方园艺（17）：171-172.

李梦钗，温秀军，王玉忠，等 . 2012. 冬枣采后臭氧去感染技术研究［J］. 中国农学通报，28（28）：169-173.

李述刚，侯旭杰，王转生，等 . 2012. OHAA 涂膜保鲜冬枣［J］. 食品工业，1：29.

李湘利，刘静 . 2006. 金丝枣醋的研制［J］. 中国酿造（1）：

69–71.

李小平，陈锦屏，阎雅岚．2007. 红枣多糖提取方法研究进展［J］. 江西农业学报，19（10）：102–104.

李勇．2013. 大枣枣皮红色素的分离，生物活性及稳定性的研究［D］. 郑州：郑州大学．

李媛萍，徐怀德，李翠平，等．2012. 全枣肉红枣粉加工技术研究［J］. 食品工业科技，33（17）：194–199.

李忠，常雪花，于强，等．2014. 盐水加湿和气调贮藏对冬枣贮藏的影响［J］. 食品工业，35（8）：132–135.

梁皓，易建勇，王宝刚，等．2007. 干燥方式对枣果实抗氧化功效的影响［J］. 农产品加工学刊（7）：45–47.

林勤保，高大雄，于疏娟，等．1998. 大枣多糖的分离与纯化［J］.食品工业科技（4）：20–21.

林天颖，苏清彩．2013. 果品保鲜中壳聚糖的应用［J］. 农产品加工（上）（9）：34–35.

凌圣宝．2012. 拐枣醋及其功能性研究［D］. 咸阳：西北农林科技大学．

刘宝琦，车振明．1999. 红枣果酒生产工艺［J］. 农牧产品开发，3：15–16.

刘聪．2014. 新疆红枣的功能性成分及加工工艺的研究［D］. 杭州：浙江大学．

刘芳，张小青，吴三林，等．2008. 峨眉含笑精油对冬枣保鲜的研究［J］. 长春师范学院学报：自然科学版，27（3）：65–69.

刘会珍，刘桂英，王永霞．2013. 不同处理对冬枣贮藏品质的影响［J］. 贵州农业科学，41（11）：168–170.

刘开华，邢淑婕．2013. 大豆分离蛋白结合茶多酚处理对冬枣贮藏品质和生理的影响［J］. 食品工业，8：38.

刘丽萍，孙建华，杨利 . 2009. 生理调节剂对中宁圆枣常温贮藏效果的影响［J］. 食品科技（9）：42-44.

刘孟军，王永蕙 . 1991. 枣和酸枣等 14 种园艺植物 cAMP 含量的研究［J］. 河北农业大学学报，14（4）：20-23.

刘绍军，林学岷，周丽艳，等 . 1996. 啤酒酵母菌对草莓保鲜作用研究初报［J］. 河北农业大学学报，19（3）：72-75.

刘香军，郝晓磊 . 2015. 壳聚糖对灵武长枣保鲜效果研究［J］. 中国果菜，2：1.

刘延琳，等 . 2007. 白葡萄酒活性干酵母对不同氮源利用的研究［J］. 微生物学杂志，27（1）：88-90.

刘艳，许牡丹，刘青，等 . 2010. 不同包装方式对冬枣贮藏效果的影响［J］. 食品科技（11）：74-77.

鲁周民，刘坤，闫忠心，等 . 2010. 枣果实营养成分及保健作用研究进展［J］. 园艺学报，37（12）：2 017- 2 024.

吕俊廷，石洲宝，高娜，等 . 2015. 甘麦大枣汤加减对围绝经期女性睡眠障碍的临床研究［J］. 光明中医（6）：1 229- 1 230.

吕磊，徐抗震，樊军 . 2006. 微波强化提取大枣多糖的研究［J］. 延安大学学报（自然科学版），25（2）：61-64.

罗云波 . 1994. 脂氧合酶与番茄采后成熟的关系［J］. 园艺学报，21（4）：357-360.

马奇虎 . 2014. 枣皮红色素的提取、纯化及稳定性研究［D］. 银川：宁夏大学 .

马涛，于静静，毕金峰，等 . 2011. 冬枣变温压差膨化干燥工艺研究［J］. 食品工业科技（3）：270-273.

马新存，温江涛 . 2006. 枸杞枣醋的研制［J］. 中国酿造（2）：76-78.

毛琼，宋晓岗，罗宗铭 . 1999. 中草药提取物保鲜水果的效

果研究 [J]. 食品科学 (5): 54-56.

孟良玉, 邱松山, 兰桃芳, 等. 2008. 低分子量壳聚糖涂膜对冬枣采后生理和品质的影响 [J]. 食品研究与开发, 29 (11): 142-145.

孟伊娜, 张谦, 赵晓梅, 等. 2011. 新疆红枣不同处理贮藏及货架期品质变化规律的研究 [J]. 新疆农业科学, 48 (3): 449-457.

苗明三, 孙丽敏. 2003. 大枣的现代研究 [J]. 河南中医, 23 (3): 59-60.

欧体库尔·玛合木提, 金湘, 毛培宏, 等. 1999. H2 菌剂对新疆甜瓜的防腐保鲜效果 [J]. 新疆农业科学 (2): 68-69.

彭穗, 杨福馨, 刘宇斌. 2002. 常温下辣椒的生物保鲜工艺初探 [J]. 株洲工学院学报, 16 (4): 121-122.

彭艳芳, 刘孟军, 赵仁邦. 2007. 不同发育阶段枣果营养成分的研究 [J]. 营养学报, 29 (7): 621-622.

祁芳斌, 陈发兴. 2008. 枣脆片加工真空低温油炸技术的应用与发展 [J]. 福建广播电视大学学报 (1): 76-78.

邱芳萍, 周杰, 李向晖. 2002. 天然食品保鲜防腐剂——林蛙皮抗菌肽 [J]. 食品科学, 23 (8): 279-282.

曲泽州, 王永蕙. 1994. 中国果树志·枣卷 [M]. 北京: 中国农业出版社.

任琪. 2009. 枣酒枣醋加工工艺研究及醋酸菌的筛选 [D]. 合肥: 安徽农业大学.

任玉锋, 马玉贤. 2009. 海藻酸钠涂膜对灵武长枣低温保鲜效果的影响 [J]. 安徽农业科学 (15): 7 175- 7 176.

申红妙. 2010. 枣加工技术 [J]. 河北果树 (6): 53-53.

生吉萍, 罗云波, 申琳. 2000. PG 和 LOX 对采后番茄果实软化及细胞超微结构的影响 [J]. 园艺学报, 27 (4):

276-281.

石奇，石异，杨晓慧，等 . 2008. 微波法提取大枣多糖的工艺研究［J］. 应用科技，35（7）：55-57.

孙科 . 2014. 保健型红枣啤酒发酵工艺研究［J］. 中国酿造，33（1）：105-108.

孙灵霞，张秋会，陈锦屏 . 2008. 红枣的保健作用及其综合利用［J］. 农产品加工（4）：55-57.

孙曙光，高保生 . 2004. 枣醋爽饮料的研制［J］. 山东食品发酵（2）：24-26.

孙耀强 . 2005. 保鲜膜的制备及其在冬枣保鲜中的应用研究［D］. 天津：天津科技大学 .

佟伟，王文辉，程存刚 . 2013. 水果保鲜剂 1-甲基环丙烯（1-MCP）保鲜原理与使用方法［J］. 中国果业信息，30（7）：40-41.

汪正翔 . 2011. 广德蜜枣加工工艺［J］. 现代农业科技（23）：355-356.

王春生，王永勤，赵梦，等 . 2004. 气调贮藏对鲜枣保鲜效果的影响［J］. 保鲜与加工（4）：20-22.

王恒超，陈锦屏，符恒，等 . 2012. 骏枣干制过程中几种营养物质的变化规律［J］. 食品科学，33（15）：48-51.

王俊华，许牡丹 . 2012. 红枣真空含浸调理技术研究［D］. 西安：陕西科技大学 .

王亮，赵迎丽，闫根柱，等 . 2009. 气调贮藏对冬枣品质的影响［J］. 保鲜与加工，9（2）：40-44.

王荣梅，张培正，李坤，等 . 2004. 气流膨化空心脆枣的研制［J］. 食品工业科技，25（4）：109-111.

王锐平，陈雪峰，雷学锋，等 . 2006. 冷冻干燥法加工速溶大枣粉的研究［J］. 食品科技（7）：198-201.

王曙文，代永刚，牛红红，等 . 2008. 国内外枣生物保鲜技术的研究进展［J］. 农产品加工 · 学刊（12）：110-113.

王文生，宋茂树，陈存坤，等 . 2008. 不同气体组分对冬枣采后生理及贮藏效果的影响［J］. 果树学报，25（6）：842-845.

王向红，崔同，刘孟军，等 . 2002. 不同品种枣的营养成分分析［J］. 营养学报，24（2）：206-208.

王向红，崔同，齐小菊，等 . 2002. HPLC 法测定枣及酸枣中的齐墩果酸和熊果酸［J］. 食品科学，23（6）：137-138.

王向红，桑亚新，崔同，等 . 2005. 高效液相色谱法测定枣果中的环核苷酸［J］. 中国食品学报，5（3）：108-112.

王新民，时春忠 . 2006. 臭氧消毒冬枣预防腐烂的试验研究［J］. 中国消毒学杂志，23（4）：323-324.

王旭 . 2006. 红枣浆冷冻干燥工艺技术的研究［J］. 食品研究与开发，27（4）：85-86，127.

王艳昕，鲍远程，蔡永亮，等 . 2015. 加味酸枣仁汤联合经颅微电流刺激治疗肝郁血虚型失眠症临床研究［J］. 安徽中医药大学学报 ISTIC，34（3）：29-32.

王振辉，张兰训，崔海亭 . 2009. 大枣的节能贮藏技术［J］. 农机化研究，31（10）：64-66.

魏利清，万红军，许铭强，等 . 2011. 枣干制过程中可溶性糖含量变化的规律［J］. 食品与机械（6）：67-70.

魏利清 . 2010. 枣干制过程中苦辣味形成原因探讨［D］. 乌鲁木齐：新疆农业大学 .

魏天军，窦云萍 . 2005. 保鲜剂对灵武长枣保鲜效果和鲜食品质的影响［J］. 宁夏农林科技（3）：1-2.

吴斐 . 2015. 酸枣仁汤合左归丸治疗妇女更年期失眠症 45 例［J］. 河南中医，35（6）：1 216- 1 218.

吴健 . 2005. 大枣多糖喷雾干燥工艺研究 [J]. 大众科技 (8): 92.

吴强，李喜宏，陈嘉，等 . 2008. 不同成熟度对灵武长枣贮藏效果的研究 [J]. 北方园艺 (4): 255-256.

吴小华，颉敏华，吕建国，等 . 2010. 纳米 SiOx 涂膜对灵武长枣采后品质的影响 [J]. 北方园艺 (9): 187-191.

吴小华，颉敏华，吕建国，等 . 2010. 纳米 SiOx 涂膜对灵武长枣采后生理活性的影响 [J]. 西北农业学报 (8): 147-152.

武安文 . 2012. 红枣复合果冻加工技术研究 [J]. 中国新技术新产品 (11): 137-137.

武杰，张引成，李梅玲，等 . 2012. 3 种处理方式对冬枣货架期品质的影响 [J]. 食品科学, 33 (6): 278-282.

武庆尉，刘伟 . 2006. 枣酒澄清剂的选择 [J]. 酿酒科技 (3): 185-188.

席玙芳，徐国阳，应铁进 . 1999. 辛辣蔬菜中的杀菌素对柑橘青、绿霉菌的抑制作用 [J]. 食品科学 (4): 6-9.

熊永森，王俊，王金双 . 2004. 微波干制南瓜片干燥规律及工艺优化研究 [J]. 农业工程学报, 20 (2): 181-184.

许牡丹，刘艳，刘青，等 . 2011. 硅窗袋保鲜冬枣的研究 [J]. 陕西科技大学学报: 自然科学版, 28 (6): 52-55.

许牡丹，刘艳，刘青，等 . 2010. 正交设计法优化魔芋精粉涂膜保鲜木枣 [J]. 食品科技 (12): 48-52.

许牡丹，肖程顺 . 2011. 硅窗气调对灵武长枣生理变化的影响 [J]. 食品研究与开发, 32 (12): 172-174.

许牡丹，张璐，党新安 . 2001. 高维生素 C 红枣加工工艺及效益分析 [J]. 食品工业科技, 22 (5): 32-34.

薛自萍，曹建康，姜微波 . 2009. 枣果皮中酚类物质提取工艺优化及抗氧化活性分析［J］. 农业工程学报，25（1）：153-158.

闫忠心，鲁周民，刘坤，等 . 2011. 干制条件对红枣香气品质的影响［J］. 农业工程学报，27（1）：389-392.

杨春，丁卫英，邓晓燕，等 . 2008. 超声波辅助浸提木枣多糖优化工艺的研究［J］. 农产品加工·学刊（5）：24-26.

杨瑞平，姚建民，王春生 . 2011. 聚乙烯枣气调保鲜袋对冬枣的保鲜效果试验研究［J］. 山西果树（2）：7-8.

杨伟，徐莹，樊燕，等 . 2012. 海藻酸钠涂膜及^{60}Co-γ 辐照处理对小枣的保鲜作用［J］. 食品工业科技，33（3）：343-347.

杨伟 . 2012. 活性可食膜的制备及其对不同采收期小枣的保鲜作用［D］. 青海：中国海洋大学 .

杨晓光，张子德，刘晓军，等 . 2009. 臭氧水冷激处理对冬枣保鲜品质的影响［J］. 食品科技（10）：28-31.

杨艳杰，秦明利 . 2008. 红枣干制过程中维生素 C 含量测定分析［J］. 安徽农业科学，36（15）：6 516- 6 516.

姚瑞祺，刘海英，牛鹏飞，等 . 2007. 超声辅助提取大枣多糖及柱前衍生高效液相分析［J］. 西北农林科技大学学报（自然科学版），35（12）：162-166.

袁毅，史秀红，元永波，等 . 2010. 冬枣的保鲜技术研究［J］. 食品科技（6）：63-66.

苑学习 . 2002. 安琪牌葡萄酒活性干酵母在红枣酒酿造中的应用［J］. 酿酒科技（4）：92-93.

曾名勇，林洪，刘树青，等 . 2002. 海洋生物保鲜剂 OP—Ca 抗菌特性的研究［J］. 中国海洋药物（4）：27-31.

张宝善，陈锦屏 . 2004. 红枣酒发酵工艺研究［J］. 中国农业科学，37（1）：112—118.

张宝善 . 2004. 利用次等红枣生产果醋的工艺研究［J］. 农业工程学报，20（2）：213-216.

张炳文，郝征红，杜红霞 . 1997. 低温真空油炸技术综述［J］. 粮食食品科技（5）：10-11.

张炳文，郝征红 . 2002. 利用低温真空油炸技术研发酥脆枣产品［J］. 中国商办工业（10）：47-48.

张采，李佳，张永清 . 2012. 大枣化学成分研究概况［J］. 中国现代中药，13（11）：49-51.

张福星，蒋炳生 . 2000. 生物保鲜液膜对草莓常温保鲜效果的研究［J］. 安徽农业科学，28（5）：691-693.

张红梅，张桂然，霍玉琴，等 . 2013. 不同包装方式对冬枣储藏品质的影响［J］. 北方园艺，16：46.

张军合，刘俊红，李晓芳 . 2009. 喷雾干燥速溶天然无核枣粉的研制［J］. 食品研究与开发，30（8）：54-59.

张敏 . 2013. 发酵大枣粉加工工艺研究［D］. 洛阳：河南科技大学 .

张勤，王雪斌，王明珠，等 . 2006. 灵武长枣贮藏保鲜试验［J］. 山西果树（5）：6-7.

张顺和，张超 . 2006. ClO_2 对冬枣贮藏品质的影响［J］. 现代食品科技，22（3）：84-86.

张硕成 . 1991. 木霉菌生态学及其在生防中的应用［J］. 应用生态学报，2（1）：85-88.

张婷，车凤斌，胡柏文，等 . 2010. 不同温度对阿克苏灰枣采后生理活性及贮藏效果的影响［J］. 新疆农业科学，47（7）：1 315- 1 319.

张文杰 . 2009. 和田玉枣，花生固体蛋白饮料加工工艺研究［D］. 西安：陕西师范大学 .

张文叶，张俊松，贾春晓，等 . 2008. 超高压处理对干红枣酒中高级醇的影响［J］. 中国酿造（15）：35-37.

张文叶，张俊松，赵光远，等 . 2007. 超高压处理对干红枣酒香气成分的影响［J］. 中国农学通报，25（5）：120-124.

张文叶，张峻松，毛多斌 . 2003. 大枣香醋的研制［J］. 食品工业（5）：18-19.

张晓娟，吴昊，王成荣 . 2013. 壳聚糖金属配合物对冬枣保鲜作用及降解有机磷农药［J］. 农业工程学报，29（7）：267-276.

张雅利 . 2001. 红枣澄清加工工艺研究及其功能评价［D］. 西安：陕西师范大学 .

张艳红，陈兆慧，王德萍，等 . 2008. 红枣中氨基酸和矿物质元素含量的测定［J］. 食品科学，29（1）：263-266.

张耀雷，黄立新，张彩虹，等 . 2015. 壶瓶枣多糖的分离及其抗氧化活性［J］. 中成药，37（6）：1 267- 1 271.

张有林，韩军岐，张润光 . 2005. 低温，减压和臭氧对冬枣保鲜的生理效应研究［J］. 中国农业科学，38（10）：2 102- 2 110.

赵爱玲，李登科，王永康，等 . 2009. 枣树不同品种、发育时期和器官的 cAMP 和 cGMP 含量研究［J］. 园艺学报，36（8）：1 134- 1 139.

赵贵红，王尚荣 . 2005. 芦笋枣蜂蜜酒的研制［J］. 酿酒，32（6）：67-68.

赵宏侠，冯叙桥，黄晓杰，等 . 2014. MAP 贮藏对初熟鲜枣采后贮藏生理和效果的影响［J］. 食品与生物技术学报，33（8）：841-849.

赵佳奇，鲁周民，焦文月，等 . 2012. 低糖红枣果酱加工工艺研究［J］. 西北农林科技大学学报：自然科学版，40（1）：55-60.

赵凯，曹雪丹，朱水星 . 2011. 不同浓度蜂蜡涂膜剂对台湾青枣保鲜效果的影响［J］. 保鲜与加工（4）：16-19.

赵梅 . 2014. 枣渣膳食纤维酶法改性工艺及相关性质研究［D］. 无锡：江南大学 .

赵祥忠，李哲 . 2000. 利用野生酸枣酿制果醋的研究［J］. 中国调味品（7）：13-15.

赵晓梅，张谦按，徐麟，等 . 2010. 不同处理对鲜枣贮藏效果的影响［J］. 食品科技（4）：53-55.

郑佩，林勤保 . 2005. 枣汁浸提方法比较及对枣酒品质的影响［J］.酿酒科技（3）：24-27.

周浩，苷启贵，杨鸾 . 1999. 添加天然防腐剂的涂料在水果保鲜贮藏中的应用［J］. 天然产物研究与开发，11（3）：47-51.

周禹含，毕金峰，陈芹芹，等 . 2014. 不同干燥方式对枣粉品质的影响［J］. 食品科学，35（11）：36-41.

朱安宁，高翠丽，王亦军，等 . 2014. 海藻酸钠复合膜对冬枣保鲜效果的研究［J］. 青岛大学学报：工程技术版，29（1）：95-100.

朱晶，李星辰，郭嘉川，等 . 2013. 金针菇酶解肽对冬枣保鲜效果的研究［J］. 陕西农业科学，59（4）：6-8.

朱静 . 2013. 防腐处理后裂枣的加工特性研究［D］. 太谷：山西农业大学 .

庄青 . 2007. 冬枣采后生理及保鲜技术研究［D］. 泰安：山东农业大学 .

Fatemeh V，Mohsen F N，Kazem B. 2008. Evaluation of inhibitory effect and apoptosis induction of Zizyphus jujuba on tumor cell lines，an in vitro preliminary study［J］. Cytotechnology，56（2）：105-111.

Goetz P. 2009. Demonstration of the psychotropic effect of mother tincture of Zizyphus jujuba Mill [J]. Phytotherapie, 7 (1): 31-36.

Guo S, Duan J A, Tang Y P, et al. 2009. High-performance liquid chromatography two wavelength detection of triterpenoid acids from the fruits of Ziziphus jujuba containing various cultivars in different regions and classification using chemometric analysis [J]. Journal of Pharmaceutical and Biomedical Analysis, 49 (5): 1 296- 1 302.

Guo S, Tang Y P, Duan J A, et al. 2009. Two new terpenoids from fruits of Ziziphus jujuba [J]. Chinese Chemical Letters, 20 (2): 197-200.

Hanabusa K, Cyong J, Takahashi M. 1981. High-level of cyclic AMP in the jujube plum [J]. Journal of Medicinal Plant Research, 42 (8): 380-384.

Inas S G, Ataa S, Mosaad A W. 2008. Zizyphus jujuba and Origanum majorana extracts protect against hydroquinone - induced clastogenicity [J]. Environmental Toxicology and Pharmacology, 25 (1): 10-11.

Lambert Y, Demazeaug Z, Largeteau A. 1999. Changes in aromatic volatile composition of strawberry after high pressure atment [J]. Food Chemistry, 67 (1): 7-16.

Lee S S, Lin B F, Liu K C. 1996. Three triterpene esters from Zizyphus jujuba [J]. Phytochemistry, 43 (4): 847-851.

Li J W, Ding S D, Ding X L. 2005. Comparison of antioxidant capacities of extracts from five cultivars of Chinese jujube [J]. Process Biochemistry, 40 (11): 3 607- 3 613.

Li J W, Ding S D, Ding X L. Optimization of the ultrasonically assisted extraction of polysaccharides from Zizyphus jujuba cv. Jinsixiaozao [J]. Journal of Food Engineering, 80 (1): 176-183.

Li J W, Fan L P, Ding S D. 2007. Nutritional composition of five cultivars of Chinese jujube [J]. Food Chemistry, 103 (2): 454-460.

Oh M H, Houghton P J, Whang W K, et al. 2004. Screening of korean herbal medicines used to improve cognitive function for anti-cholinesterase activity [J]. Phytomedicine, 11 (6): 544-548.

Roller S. 1995. The quest for natural antimicrobials as novel meansof food preservation; status report on a European researchproject [J]. International Biodeterioration and Biodegradation, 36 (3-4): 333-345.

Sharif M A, Jung I Y, Hyo J K, et al. 2010. Anti-inflammatory activity of seed essential oil from Zizyphus jujuba [J]. Food and Chemical Toxicology, 48 (2): 639-643.

Sharif M A, Vivek K B, Sun C K. 2009. Antioxidant and antilisterial effect of seed essential oil and organic extracts from Zizyphus jujuba [J]. Food and Chemical Toxicology, 47 (9): 2 374- 2 380.

Shen X C, Tang Y P, Yang R H, et al. 2009. The protective effect of Zizyphus jujuba fruit on carbon tetrachloride-induced hepatic injury in mice by anti - oxidative activities [J]. Journal of Ethnopharmacology, 122 (3): 555-560.

Tripathi M, Pandey M B, Jha R N, et al. 2001. Cyclopeptide alkaloids from Zizyphus jujuba [J]. Fitoterapia, 72 (5): 507-510.

Xue Z P, Feng W H, Cao J K, et al. 2009. Antioxidant activity and total phenolic contents in peel and pulp of Chinese jujuba (Ziziphus jujuba Mill.) fruits [J]. Journal of Food Biochemistry, 33 (5): 613–629.

Yeng C, Lin H T. 1999. Change sinvo latile flavor component so fguava juice with high proces sing and during storage [J]. Journal of Agricultural and Food Chemistry, 47 (5): 2 082– 2 087.

Zhao Z H, Li J, Wu X M, et al. 2006. Structures and immunological activities of two pectic polysaccharides from the fruits of Ziziphus jujuba Mill. cv. Jinsixiaozao Hort [J]. Food Research International, 39 (8): 917–923.

Zhao Z H, Liu M J, Tu P F. 2008. Characterization of water soluble polysaccharides from organs of Chinese jujube (Ziziphus jujuba Mill. cv. Dongzao) [J]. European Food Research and Technology, 226 (5): 985–989.

附录　枣园周年管理技术

1—3月

（一）土肥水管理

（1）准备肥料。

（2）土壤解冻后及时耕翻，保持土壤疏松，促进根系生长和扩展，增大根群，提高吸收能力。

（二）树体管理

（1）刮除老翘皮，解除老翘皮对树体生长的抑制作用，以利树体增粗。

（2）树体涂白。用3~5份石硫合剂原液、1份食盐、10份生石灰、30份水混合均匀，涂刷树体。

（三）病虫防治

（1）结合刮老翘皮，消灭在老皮中越冬的病菌、虫体，减少越冬基数。

（2）剪除病虫枝。

（3）喷波美5度石硫合剂，杀灭树体上越冬的病菌虫体。

（4）树干绑6~10cm宽的塑料条，阻止枣步曲上树，早晚在树下捕杀雌蛾。

4月

（一）土肥水管理

（1）枣股开始萌动，花芽开始分化，对养分的需求量增加，应在萌芽前及时追肥，以保证充足的肥料供给，促进花芽分化，追肥以氮肥为主。

（2）结合施肥浇好催芽水，促进枣树早期生长，使萌芽整齐，枝叶茂盛，花器发育健全。

（3）浇水后及时中耕，防止土壤板结。

（二）树体管理

（1）在缺枝部位刻芽：于芽上 0.5~1cm 处横刻一刀，促生分枝。

（2）萌芽后要及时抹除无伤芽。

（3）注意开张枝条角度，纺锤形小主枝开角 80°~90°，辅养枝拉下垂。双主枝开心形开角 50°~60°。

（三）病虫防治

喷 2.5%敌杀死3 000倍液或辛硫磷1 500~2 000倍液，杀灭枣步曲、枣黏虫幼虫。

5 月

（一）土肥水管理

（1）由于枣树花期长，花量大消耗的营养多，增加营养供给，有利提高坐果率，每亩追肥尿素 20kg 左右。

（2）及时灌好助花水，满足花期对水分的需求，减轻落花落果。

（3）及时中耕，保持土壤疏松，除尽杂草，减少养分消耗。

（二）树体管理

（1）疏除过密和位置不当的枣头。

（2）枣头长出 3~5 个二次枝时摘心。

（3）对生长过旺的植株和枝环切，抑制生长。盛花期主干环切 1~2 道或主干环剥，有利提高坐果率。

（三）病虫防治

（1）防治枣步曲、枣瘿蚊、大灰象甲、枣黏虫等。可喷敌杀死或辛硫磷或敌敌畏。

（2）大灰象甲可采用人工振落法捕杀。

（四）花果管理

（1）花期喷水，增大空气湿度，以利花粉发芽和花粉管的生长，促进授粉受精。

（2）喷0.5%的尿素、0.3%的硼砂或硼酸、补充营养，满足树体快速生长对养分的需求，提高坐果率。

6月

（一）土肥水管理

（1）中耕除草。

（2）土壤墒情差时浇水，保持田间持水量在70%以上，防止吸收根死亡，导致生长受抑制。

（二）树体管理

二次枝生长到4~8个枣股时摘心，枣头长10cm，木质化枣吊长30cm时摘心，抑制枣头过旺生长，促使树冠健壮紧凑，集中营养供给。

（三）病虫防治

加强食心虫、枣黏虫、龟甲蜡蚧等的防治，可喷50%尼索朗2 000倍液防治。

7月

（一）土肥水管理

果实主要增重时期，要及时追肥浇水，保证营养供给，促进幼果生长。此期追肥应注意氮、磷、钾相配合，每亩施三元复合肥20~25kg，施肥后浇水，促进幼果快速生长。

（二）病虫防治

防治枣黏虫、大灰象甲、桃小、黄刺蛾、桃天蛾、龟甲蜡蚧及锈病。虫害喷1 500倍液的毒死蜱加2 000倍液的20%灭扫利、锈病可喷1：（2~3）：（200~250）倍的波尔多液或50%的多菌灵800倍液、50%的克菌丹500倍液防治。

8月

（一）土肥水管理

（1）果实物质主要积累时期，进行物质积累和转化，应施足肥料，保证果实品质提高，施肥时应注意氮、磷、钾配施，每亩施三元复合肥20~25kg。

（2）此期降雨较多，要控制田间持水量，防止田间持水量过大，导致土壤缺氧，使吸收根受损，甚至死亡，从而导致树体各个器官的生长受阻，造成落叶落果，烂果、裂果现象的出现。因而在田间有积水时要及时排水，加强中耕。

（二）病虫防治

防治枣黏虫、桃天蛾、桃小、黄刺蛾、锈病等。食心虫危害严重时在树干基部堆30cm厚的土堆，将成虫堵死于土内。

（三）花果管理

严格控制田间水分的供给，防止裂果、烂果现象的出现。

9月

（一）土肥水管理

控水、除草、中耕松土。

（二）病虫防治

在树体交叉处绑草把，诱杀越冬枣黏虫。

（三）花果管理

由于花期很不一致，果实成熟期也不相同，应采用分期分批采收的方法，以提高果实品质。果实用途不同，采收期是不一样的，鲜食品种应在脆熟期采收。

10 月

（一）土肥水管理

（1）施基肥。每亩施优质有机肥 5 000kg 左右、磷酸二铵 50kg 左右、硫酸钾 75kg 左右作基肥。

（2）耕翻。将肥料撒施地表，耕翻 25～30cm，然后耙平，以利保墒。

（二）病虫防治

喷波美 5 度石硫合剂，减少病虫越冬基数，为来年防治打好基础。

（三）花果管理

晒制干枣，加工蜜枣。

11 月

（一）土肥水管理

浇水。土壤结冻前浇 1 次透水。

（二）病虫防治

细致清园。剪除病虫枝，清扫枯枝、落叶、杂草，树体涂白。

12 月

树体管理

修剪。枣树为喜光树种，栽培中要保证树体有良好的通风透光条件，树冠要保持层次分明，大小适中，结果枝组适量，平均 $1m^3$ 树冠空间有结果基枝 20～25 条，结果母枝 90～120 条。树形以纺锤形为主，幼树期应加强夏季修剪，通过刻芽、摘心、拉枝等手法，促进增枝，促使树冠快速形成。选择生长健壮的二次枝，枝粗 1.5cm 以上的从基部留 1~2 个股，利用股上的主芽萌生培养主枝，粗度不够 1.5cm 的待枝粗够 1.5cm 时短截。盛果期要及时疏除轮生枝、交叉枝、重叠枝、并生枝、徒长枝及过密的侧枝，回缩下垂的骨干枝，抬高枝头角度，增强长势，一般应回缩到强壮处，如剪口下有二次枝，可将二次枝从基部剪掉，促其萌发新枝头。对 3 年生以上的不用作骨干枝的枣头，进行短截，使其下的二次枝和枣股得到复壮，形成健壮的枝组。对骨干枝上萌发的二次枝，一般不剪，多保留结果，培养新枣头和结果枝组时据空间大小，留 4~6 个枝进行短截。